土木、建筑、环境学科平台课程系列教材辅导书

画法几何与工程制图学习辅导及习题解析

华中科技大学土木建筑制图课程组 主编

华中科技大学出版社
中国·武汉

内容提要

本书是与华中科技大学出版社出版的教材《画法几何与土木工程制图》《工程制图与图学思维方法》《阴影与透视》配套的教学辅导用书,是依据教育部"高等学校工程图学课程教学基本要求",配合教育部倡导的"质量工程",结合2006年3月国务院颁布的《全民科学素质行动计划纲要》的精神,本着培养提高学生科学素质的目的而编写的。

本书主要分为四大部分:投影基础、基本体与截交线和相贯线、组合体读图训练、阴影与透视,每部分主要内容有学习目的、图学知识提要、学习基本要求、重点与难点、习题思考方法与解答、常见错误剖析等,附录中选编了华中科技大学近年的工程制图部分试卷及其答案。

本书内容丰富、结构独特、注重分析过程及思维引导,既适合作为不同学时数、不同类型的学习工程制图课程的学生的辅导用书,也适合作为讲授工程制图课程教师的教学参考用书。

图书在版编目(CIP)数据

画法几何与工程制图学习辅导及习题解析/华中科技大学土木建筑制图课程组　主编.
—武汉:华中科技大学出版社,2007年11月
ISBN 978-7-5609-4299-5

Ⅰ.画…　Ⅱ.华…　Ⅲ.①画法几何-高等学校-教学参考资料　②工程制图-高等学校-教学参考资料　Ⅳ.TB23

中国版本图书馆CIP数据核字(2006)第166744号

画法几何与工程制图 **学习辅导及习题解析**	华中科技大学土木建筑制图课程组　主编
责任编辑:徐正达	封面设计:潘　群
责任校对:陈　骏	责任监印:周治超

出版发行:华中科技大学出版社(中国·武汉)
　　　　　武昌喻家山　邮编:430074　电话:(027)87557437
录　　排:华中科技大学惠友文印中心
印　　刷:湖北恒泰印务有限公司

开本:787mm×1092mm　1/16　　印张:14　　字数:325 000
版次:2007年11月第1版　　印次:2008年12月第2次印刷　定价:20.00元
ISBN 978-7-5609-4299-5/TB·76

(本书若有印装质量问题,请向出版社发行部调换)

土木、建筑、环境学科平台课程系列教材
编 委 会

主 任 委 员：冯向东

副主任委员：陈传尧　李保峰　陶　涛　金康宁　许晓东
　　　　　　范华汉　韦　敏

委　　　员：黄亚平　龙　元　范跃华　李　凡　陈朱蕾
　　　　　　钱　勤　李　黎　吴瑞麟　李惠强　黎秋萍

秘　　　书：张先进　徐正达

> 伟大的成绩和辛勤劳动是成正比例的，有一分劳动就有一分收获，日积月累，从少到多，奇迹就可以创造出来。
>
> ——鲁迅

> 科学决不能不劳而获，除了汗流满面而外，没有其他获得的方法。热情幻想以整个身心去渴望，都不能代替劳动，世界上没有一种"轻易的科学"。
>
> ——赫尔岑

前　言

随着《全民科学素质行动计划纲要》逐步为公众所了解和认知，科学素质已成为现代人不可缺少的素质，他们今后更关心的是通过什么渠道、采用什么方法来提高自身的科学素质。科学素质是综合性素质，其核心部分是思维素质，而影响学生质量的根源也是思维素质，因此，如何以提高思维素质来促进其他素质的提高，将是培养科学素质的关键。教育无疑是培养和提高科学素质最直接、最有效的途径之一。在大学本科教育中有很多培养思维能力的课程，但大多数课程中，科学素质的培养是潜移默化地完成的，这就是蕴涵在课程内容中的重要智力因素，它具有知识及知识以外的智力价值。开发这些课程潜在的智力价值，对提高学习者的科学素质必然具有非凡的意义。

工程制图课程是一门非常特殊的课程。它既是一门公认的难学课程，又是一门智力价值很高的课程，同样也是一门培养学习者科学素质非常有效的课程（相关具体内容可参看华中科技大学出版社出版的教材《画法几何与土木工程制图》《工程制图与图学思维方法》中的绪论）。

学过工程制图课程的人都会有"听课时清清楚楚，做作业时糊里糊涂"的感觉，这种现象的根本原因在于，上课时在教师的引导下，思维能轻松地由低维到高维迁移变换，完成空间的构思想象。而独立做作业时，应试教育造成的思维单一与固定，在学习工程制图过程中思维频繁地升维和降维、变换看图的方向（改变视角），则都成了初学者要面对的一道道难关，做作业没头绪、速度慢、思考不全面、错解自然是常见的通病。要学好工程制图课程、提高学习者的科学素质，改变思维方式、养成良好的思维习惯、提高思维能力是重中之重。

本书共分为投影基础、基本体与截交线和相贯线、组合体读图训练、阴影与透视四部分，每部分由以下内容构成：

学习目的——明确各部分所学内容的学习目标。

图学知识提要——对应各部分图学知识的基本概念、基本理论和基本方法等主要内容进行叙述、归纳和总结，使读者对该部分有一个整体、全面的了解和掌握，起提纲挈领作用。

学习基本要求及重点与难点——依据教育部"高等学校工程图学课程教学基本要求"（教学大纲），帮助读者抓住重点和理解难点，有的放矢地学习。

习题思考方法及解答——以华中科技大学出版社出版的教材《画法几何与土木工程制图》《工程制图与图学思维方法》《阴影与透视》配套的习题为主，另精选一些具有特色和一定难度的练习题。该部分给出的不是习题的"标准答案"，而是优秀教师的"习题课教案"，其中有分析过程（引导思维发散及空间想象构思）、图学知识运用方法（引导思维迁移及知识迁移、思维收敛）、图示步骤（指导图物对应，将空间想象的结果用二维图形表达出来）、题后点评（引导思维联想，为拓宽思路，对题目作些变化、推广和发展等提示）、举一反三思考题（帮助读者通过典型个例的训练而掌握解题的一般规律）。读者可按自己的思维速度体会解题思路和技巧，达到善于联想、触类旁通、激活思维潜能的效果，使所学知识在综合运用中适度升华。

常见错误剖析——常见错误是思维缺陷的必然反映，从正反两个方面的比较中来澄清模糊概念，修正思考方式和方法，可增加刺激，强化记忆，帮助读者从另一个角度提高分析能力和判断能力。

在本书的附录中选编了华中科技大学近年工程制图部分试卷及其答案。

本书由华中科技大学土木建筑制图课程组主编，华中科技大学王晓琴、宋玲、鄢来详、贾康生统稿。投影基础部分由华中科技大学王晓琴、庞行志、竺宏丹、廖湘娟，三峡大学王静、武汉科技学院骆莉、郭毕佳，武汉仪表电子学校董宏骏，广东轻工职业技术学院周友梅编写；基本体及其相交部分由华中科技大学宋玲、程敏、王晓琴编写；组合体的读图训练部分由华中科技大学鄢来详、王晓琴、魏迎军，武汉科技学院王小玲编写；阴影与透视部分由华中科技大学贾康生、王晓琴，武汉仪表电子学校董宏骏编写。

囿于水平，本书不可能臻于至善，难免存在疏漏、不足和错误，恳请使用本书的教师、同学及广大读者批评指正。

编　者

2007 年 7 月

目　录

1 投影基础 ··· (1)
  1.1　学习目的 ·· (1)
  1.2　图学知识提要 ·· (1)
    1.2.1　点的投影 ·· (1)
    1.2.2　直线的投影 ··· (1)
    1.2.3　平面的投影 ··· (2)
    1.2.4　直线与平面、平面与平面的相对位置 ··· (4)
    1.2.5　综合解题 ·· (4)
    1.2.6　投影变换 ·· (5)
  1.3　学习基本要求及重点与难点 ··· (6)
    1.3.1　点的投影 ·· (6)
    1.3.2　直线的投影 ··· (6)
    1.3.3　平面的投影 ··· (7)
    1.3.4　直线与平面、平面与平面的相对位置 ··· (7)
    1.3.5　综合解题 ·· (7)
    1.3.6　投影变换 ·· (8)
  1.4　习题思考方法及解答 ·· (8)
    1.4.1　点的投影 ·· (8)
    1.4.2　直线的投影 ·· (12)
    1.4.3　平面的投影 ·· (17)
    1.4.4　直线与平面、平面与平面的相对位置 ·· (25)
    1.4.5　综合解题 ··· (38)
    1.4.6　投影变换 ··· (51)
  1.5　常见错误剖析 ··· (61)

2 基本体与截交线和相贯线 ··· (67)
  2.1　学习目的 ··· (67)
  2.2　图学知识提要 ··· (67)
    2.2.1　平面立体 ··· (67)
    2.2.2　平面立体表面上的点和直线 ··· (67)
    2.2.3　曲面立体及表面上的点和线 ··· (68)
    2.2.4　平面及直线与平面立体相交 ··· (68)
    2.2.5　平面及直线与曲面立体相交 ··· (69)
    2.2.6　平面立体与平面立体相交 ·· (69)

  2.2.7 同坡屋面交线 ………………………………………………………… (70)
  2.2.8 平面立体与曲面立体相交 ……………………………………………… (70)
  2.2.9 曲面立体与曲面立体相交 ……………………………………………… (70)
 2.3 学习基本要求及重点与难点 ………………………………………………… (71)
  2.3.1 平面立体及其表面上的点和线 ………………………………………… (71)
  2.3.2 曲面立体及其表面上的点和线 ………………………………………… (71)
  2.3.3 平面及直线与平面立体相交 …………………………………………… (71)
  2.3.4 平面及直线与曲面立体相交 …………………………………………… (71)
  2.3.5 平面立体与平面立体相交 ……………………………………………… (72)
  2.3.6 同坡屋面交线 …………………………………………………………… (72)
  2.3.7 平面立体与曲面立体相交 ……………………………………………… (72)
  2.3.8 曲面立体与曲面立体相交 ……………………………………………… (72)
 2.4 习题思考方法及解答 ………………………………………………………… (73)
  2.4.1 平面立体及其表面上的点和线 ………………………………………… (73)
  2.4.2 曲面立体及其表面上的点和线 ………………………………………… (75)
  2.4.3 平面与平面立体相交 …………………………………………………… (76)
  2.4.4 平面与曲面立体相交 …………………………………………………… (86)
  2.4.5 平面立体与平面立体相交 ……………………………………………… (94)
  2.4.6 同坡屋面交线 …………………………………………………………… (99)
  2.4.7 平面立体与曲面立体相交 ……………………………………………… (100)
  2.4.8 曲面立体与曲面立体相交 ……………………………………………… (104)
 2.5 常见错误剖析 ………………………………………………………………… (111)

3 组合体的读图训练 ………………………………………………………………… (115)
 3.1 学习目的 ……………………………………………………………………… (115)
 3.2 图学知识提要 ………………………………………………………………… (115)
  3.2.1 组合体的分类 …………………………………………………………… (115)
  3.2.2 形体分析法 ……………………………………………………………… (115)
  3.2.3 组合体的画法 …………………………………………………………… (116)
  3.2.4 组合体的读图方法 ……………………………………………………… (116)
  3.2.5 组合体构形思考 ………………………………………………………… (117)
 3.3 学习基本要求及重点与难点 ………………………………………………… (118)
 3.4 习题思考方法及解答 ………………………………………………………… (118)

4 阴影与透视 ………………………………………………………………………… (146)
 4.1 阴影 …………………………………………………………………………… (146)
  4.1.1 学习目的 ………………………………………………………………… (146)
  4.1.2 图学知识提要 …………………………………………………………… (146)

4.1.3　学习基本要求及重点与难点 …………………………………………………(148)
　　4.1.4　综合解题 ……………………………………………………………………(149)
　　4.1.5　常见错误剖析 ………………………………………………………………(163)
4.2　轴测图的阴影 …………………………………………………………………………(165)
　　4.2.1　学习目的 ……………………………………………………………………(165)
　　4.2.2　图学知识提要 ………………………………………………………………(166)
　　4.2.3　学习基本要求及重点与难点 …………………………………………………(166)
　　4.2.4　综合解题 ……………………………………………………………………(166)
4.3　透视 ……………………………………………………………………………………(168)
　　4.3.1　学习目的 ……………………………………………………………………(168)
　　4.3.2　图学知识提要 ………………………………………………………………(169)
　　4.3.3　学习基本要求及重点与难点 …………………………………………………(170)
　　4.3.4　综合解题 ……………………………………………………………………(172)
　　4.3.5　常见错误剖析 ………………………………………………………………(179)
4.4　透视图的阴影 …………………………………………………………………………(183)
　　4.4.1　学习目的 ……………………………………………………………………(183)
　　4.4.2　图学知识提要 ………………………………………………………………(183)
　　4.4.3　学习基本要求及重点与难点 …………………………………………………(184)
　　4.4.4　综合解题 ……………………………………………………………………(184)

附录A　华中科技大学土木类专业工程制图部分试卷 …………………………………(191)
附录B　华中科技大学土木类专业工程制图部分试卷答案 ……………………………(202)

1 投影基础

1.1 学习目的

通过本部分的学习，要求能用正投影法的理论，研究点、线、面的投影及线与面、面与面的相对位置，在熟练掌握直线与直线、平面与平面、直线与平面的相对位置关系的基础上，能应用点、线、面的基本投影特性解决一些基本的、综合的图解几何问题。一方面，要掌握工程技术语言的基本语法，为后续投影作图的学习打下基础；另一方面，要在空间到平面、平面到空间、平面到平面的各种对应中，由浅入深，由简及繁，改变单一、固定的思维方式，养成从不同角度全面观察对象的良好习惯，培养几何感觉和空间感觉，为提高思维能力而进行反复的基础训练。

1.2 图学知识提要

1.2.1 点的投影

1. 点的投影规律

(1) 点的 H、V 面和 V、W 面两个投影之间的投影连线，必定垂直于相应的投影轴。

(2) 点的 H、W 面投影到 X 轴的距离，都反映空间点到 V 面的距离。

(3) 点的各面投影到投影轴的距离，反映该点到相应的相邻投影面的距离。

2. 两点的相对位置

在三投影体系中，两点的相对位置由其坐标差决定，分为上下、左右和前后三个方位。

3. 重影点和可见性

当空间两点位于某一投影面的同一条垂线上时，这两点在该投影面上的投影重合于一点，该重合投影称为重影点。重影点有两组坐标值相同，它们的可见性可由不相等的坐标值决定，坐标值大的可见，坐标值小的不可见。

1.2.2 直线的投影

1. 直线的投影特性

(1) 不变性　直线的投影在一般情况下仍然是直线。

(2) 从属性　直线上任一点的投影必在该直线的同面投影上。

(3) 积聚性　直线垂直于投影面，它的投影积聚成一个点。

(4) 真实性　直线平行于投影面，它的投影长度不变。

2. 空间的直线相对投影面的三种位置

(1) 投影面平行线　平行于某一个投影面而与另外两个投影面倾斜的直线。该直线在所平行的投影面上的投影反映实长。因为平行线上任何一点到与之平行的投影面的距离是相等的，所以在该面上的线段投影等于线段的真实长度。

投影面平行线又分为三种：正平线、水平线、侧平线。

投影面平行线的投影特性：

◆ 与直线平行的投影面上的投影，与轴倾斜，且反映实长，投影与轴间夹角分别反映直线与相应投影面的夹角；

◆ 与直线不平行的两个投影面上的投影，共同垂直于这两个投影面之间的投影轴。

(2) 投影面垂直线　垂直于某一个投影面而与另外两个投影面平行的直线。

投影面垂直线又分为三种：正垂线、铅垂线、侧垂线。

投影面垂直线的投影特性：

◆ 在与直线垂直的投影面上，其投影积聚为一点；

◆ 直线在另外两个投影面上的投影，都反映实长，并平行于同一根投影轴。

(3) 一般位置直线　相对于三个投影面均倾斜的直线，简称一般线。

一般位置直线的投影特性：

◆ 一般位置直线的三个投影均倾斜于投影轴；

◆ 一般位置直线的三个投影与投影轴间的夹角均不反映线段与相应投影面的真实倾角；

◆ 一般位置直线的三个投影长度均小于线段实长。

3. 线段的实长及对各投影面的倾角

对于特殊位置直线，根据投影图即可得知它们的实长及对各投影面的倾角；对于一般位置直线，常需根据线段的两个投影，并利用直角三角形法作出它的实长和对投影面的倾角，以解决某些度量问题。

4. 空间两直线的相对位置

空间两直线的相对位置有三种：平行、相交(两直线交于一点)和交叉(既不平行又不相交)。在特殊情况下，两直线可相互垂直。

5. 直角的投影定理

两直线成直角(包括垂直相交和垂直交叉)，当其中一条直线平行于投影面时，其在该投影面上的投影仍是直角。

1.2.3　平面的投影

1. 用非迹线的几何元素表示平面的方法

(1) 不在同一直线上的三点——确定平面位置最基本的几何元素；

(2) 一直线和直线外一点；

(3) 相交二直线；

(4) 平行二直线；

(5) 任意平面图形，例如三角形、平行四边形、圆等。

任意平面图形(有形面)不但可表示空间位置，还可表示平面局部图形的大小和形状，其他表示方法只表示平面的空间位置。

用迹线表示的平面，只表示平面的空间位置。

2. 平面的投影特性

(1) 积聚性　平面垂直于投影面，它的投影成直线。

(2) 真实性　平面平行于投影面，它的投影形不变。

(3) 类似性　平面倾斜于投影面，投影图形往小变。

3. 空间的平面相对投影面的三种位置

(1) 投影面垂直面　垂直于一个投影面且倾斜于另外两个投影面的平面。

投影面垂直面又分为三种：正垂面、铅垂面、侧垂面。

投影面垂直面的投影特性：

◆ 在与平面垂直的投影面上，平面的投影积聚为与轴倾斜的直线，该积聚投影与相应轴间夹角分别等于该平面与另两个投影面的真实倾角；

◆ 另外两个投影面上的投影，均为小于实形的原图形的类似形(也称原形的相仿形)。

(2) 投影面平行面　平行于一个投影面而与另外两个投影面垂直的平面。

投影面平行面又分为三种：正平面、水平面、侧平面。

投影面平行面的投影特性：

◆ 在与平面平行的投影面上，平面的投影具有真实性，即反映平面实形；

◆ 在另外两个投影面上，平面的投影具有积聚性，且同时垂直于两投影面之间的投影轴，反映与相应投影面等距。

(3) 一般位置平面　与各投影面既不平行也不垂直的平面，简称一般面。

4. 求平面的实形及对各投影面的倾角

对于投影面平行面，根据投影图即可知其实形；对于投影面垂直面，根据投影图即可知其与各投影面的倾角；对于投影面垂直面和一般位置平面，可先求其边线实长，进而求出实形；对于一般位置平面，可利用最大斜度线求对各投影面的倾角。

5. 在平面上取直线和点

在平面上取直线时，要利用平面上的两个点；在平面上取点时，又要利用平面上的直线。两者之间相辅相成，互为因果。

6. 属于平面的特殊位置直线

(1) 属于平面的投影面的平行线　属于平面的投影面的平行线，是指属于平面且平行于投影面的直线，分别有属于平面的水平线、属于平面的正平线、属于平面的侧平线。

(2) 属于平面的对投影面的最大斜度线　属于平面的对投影面的最大斜度线，是指属于平面且对某投影面倾角为最大的直线。

◆ 最大斜度线的几何意义　平面上对某投影面的最大斜度线与该投影面的夹角是平面与投影面所成二面角的平面角。

◆ 最大斜度线的物理意义　当小球或水珠落在斜坡平面（如斜坡屋面）上时，它一定沿着斜坡平面对水平面的最大斜度线方向滚下来。

对三个投影面的最大斜度线分别垂直于该平面内的水平线、正平线、侧平线。

1.2.4 直线与平面、平面与平面的相对位置

1. 直线与平面、平面与平面平行

(1) 若直线与平面上的任一条直线平行，则此直线与该平面必相互平行。

(2) 一平面上的相交两直线对应地平行于另一平面上的相交两直线，则两个平面相互平行。

2. 直线与平面、平面与平面相交

直线与平面的交点是直线和平面的共有点。两平面的交线是两平面的公有直线。

求交点和交线的方法主要有利用投影的积聚性求交和利用辅助平面法求交，在求出交点和交线的投影后，再根据遮挡关系判断线或面的可见性。

3. 直线与平面、平面与平面垂直

(1) 若一直线垂直平面上任意两条相交两直线，则此直线垂直于该平面。

为在投影图中表示垂直关系的投影特征，可利用直角投影定理在平面内选取两条相交的投影面平行线。

(2) 若一条直线垂直于一平面，则过该直线的所有平面均垂直于该平面。

1.2.5 综合解题

1. 主要求解空间几何元素之间的两大问题

(1) 点、线、面间的从属、平行、相交、垂直等关系的定位问题；

(2) 求距离、角度、线段实长及平面图形实形等度量问题。

2. 求解综合题的常用方法

(1) 分析法　运用发散思维方法，根据题设条件和求解要求，结合多面正投影进行空间分析，想象出各几何元素在空间的状态，找出已知条件和答案之间的关系，设计出解题过程的具体步骤，然后在平面上作图求解，最后回到空间进行验证。

(2) 轨迹法　配合分析法，运用发散思维、收敛思维方法，将空间的各几何元素视为动点、动线、动面。当求解需要同时满足几个条件时，将综合要求分解成若干个简单的问题，先找出满足一个条件的求解范围(通常称之为该条件的轨迹，如动直线、动平面或动曲面)，然后逐个求出满足其他条件的轨迹，多个条件的轨迹的交集即为所求。

(3) 逆推法　配合分析法，运用逆向思维方法进行空间分析，先假定最后答案已经得出，再应用相关几何定理进行反向推断，最后找出答案与已知条件之间的几何关系，由此得出解题的途径和具体的作图方法。

3. 常用的几个基本轨迹

(1) 过定点与定直线相交的直线的轨迹，是一个定点与定直线所确定的平面；

(2) 过定点且与定平面平行(等距)的点的轨迹，是一个通过定点且与定平面平行的平面；

(3) 过定点垂直(交叉)于定直线的轨迹，是一个通过定点且垂直于定直线的平面；

(4) 与定直线相交，且与另一定直线平行的直线的轨迹，是一个通过所相交的直线且平行

于所平行的直线的平面;

(5) 与定直线相交,且垂直于定平面的直线的轨迹,是一个通过定直线且垂直于定平面的平面;

(6) 对于相关正方形、矩形、菱形、等腰三角形、到两点等距等问题,因为这些几何图形都具有垂直要素,它们的轨迹通常为一直线的垂面;

(7) 与定直线等距离的点的轨迹是一个圆柱面;

(8) 与定点等距离的点的轨迹是一个球面。

4. 基本作图

(1) 求直线与平面的交点、求两平面的交线;

(2) 作直线平行于已知平面;

(3) 包含已知直线作平面平行于另一定直线;

(4) 过一点作平面平行于已知直线;

(5) 过一点作直线垂直于已知平面,求垂足;

(6) 过一点作平面垂直于已知直线,求垂足;

(7) 过一点作直线与定直线垂直相交;

(8) 包含已知直线作平面垂直于另一平面;

(9) 过一点作直线与定直线垂直相交。

1.2.6 投影变换

只要改变投影三要素中任何一个要素,投影效果都会发生变化。改变投影面相对几何元素的位置的方法称为换面法,改变几何元素相对投影面的位置的方法称为旋转法。

1. 换面法

(1) 确定新投影面的条件　为了在作图中能继续应用正投影的投影规律和投影特性,使空间几何元素在新投影体系中处于所需的特殊位置,要求新投影面必须满足:

◆ 新投影面必须垂直于原投影体系中的保留投影面;

◆ 新投影面必须与空间几何元素处于有利解题的特殊位置。

(2) 点的新、旧投影间的投影规律

◆ 新投影与保留投影间的连线垂直于新轴;

◆ 新投影到新轴的距离等于被变换的旧投影到旧轴的距离。

(3) 换面法的基本作图

◆ 一般位置直线变为新投影面的平行线——变换一次;

◆ 投影面平行线变为新投影面的垂直线——变换一次;

◆ 一般位置直线变为新投影面的垂直线——变换两次;

◆ 一般位置平面变为新投影面的垂直面——变换一次。

换面提示:将平面内的该投影面的平行线换成新投影面的垂直线。

◆ 投影面垂直面变为新投影面的平行面——变换一次;

◆ 一般位置平面变为新投影面的平行面——变换两次。

2. 旋转法

(1) 点绕垂直轴旋转的作图规律

◆ 点绕垂直轴旋转时,点的轨迹为圆,圆周平面垂直于旋转轴,圆的半径等于点至轴的距离;

◆ 旋转过程中,点的两投影始终符合点的投影规律。

(2) 直线绕垂直轴旋转的作图规律 直线绕垂直于某投影面的轴旋转时,直线与该投影面的倾角不变,直线在投影面上的投影长度不变。

◆ 求一般位置直线的实长及对某投影面倾角——旋转一次;

◆ 一般位置直线变为投影面的垂直线——旋转两次。

为作图方便,旋转时应使旋转轴通过直线的一个端点。

(3) 平面绕垂直轴旋转的作图规律 旋转平面时,应使确定平面的所有几何元素作同轴、同方向、同角度的旋转。

平面图形绕垂直于某投影面的轴旋转时,平面图形与该投影面的倾角不变,平面图形在该投影面上投影的形状和大小不变。

◆ 求一般位置平面与某投影面倾角——旋转一次。

旋转提示:将平面内的该投影面的平行线绕垂直于该投影面的轴旋转成另一投影面的垂直线。

◆ 一般位置平面旋转成投影面的平行面——旋转两次。

1.3 学习基本要求及重点与难点

1.3.1 点的投影

● *学习基本要求*

(1) 熟悉建立两投影面体系和三投影面体系的有关规定,掌握点的投影规律;

(2) 掌握各种位置点在三面体系中第一分角的投影和点的投影与该点直角坐标的关系;

(3) 掌握两点的相对位置、重影点及其可见性的判断;

(4) 掌握由给定的空间点绘制其投影图和由点的两投影求第三投影的方法;

(5) 掌握由点的投影想象、判断其空间位置的方法;

(6) 能根据点的投影图画出轴测图。

● *重点* 平行投影的特性,点的投影规律,两点的相对位置,重影点及其可见性的判断。

● *难点* 点的 H 面与 W 面的投影对应,两点的前后位置判断,重影点及重叠投影可见性的判断。

1.3.2 直线的投影

● *学习基本要求*

(1) 掌握各种位置直线的投影特性,能根据直线的投影想象、判断其空间位置;

(2) 掌握用直角三角形法求一般位置线段的实长,以及对投影面的倾角的作图原理和作图方法;

(3) 掌握直线上的点以及点分割线段成定比，了解直线迹点的概念及作图方法；

(4) 掌握两直线的相对位置(平行、相交、交叉)、投影特性及其作图方法和判别相对位置的方法；

(5) 掌握一边平行于投影面的直角的投影特性及其作图方法；

(6) 掌握重影点的概念及其可见性的判断方法。

● *重点* 各种位置直线的投影特性，用直角三角形法求一般位置直线实长及对投影面的倾角，直线上的点的从属关系、等比关系，两直线的三种相对位置及其投影特性，交叉直线在投影中重影点的可见性问题，直角定理。

● *难点* 一般位置直线由投影求其实长及对各投影面的倾角，直角定理的运用。

1.3.3 平面的投影

● *学习基本要求*

(1) 掌握平面在投影图上的各种表示方法(几何元素和迹线及特殊位置平面的迹线表示方法)，并能作平面投影的各种表示方法的相互转换；

(2) 熟练掌握各种位置平面的投影特性，能根据任何一种表达方式的平面投影，想象、判断该平面的空间位置；

(3) 熟练掌握在平面上取点和取线的作图方法，并能注意作图技巧；

(4) 掌握平面内的投影面平行线及对投影面的最大斜度线的概念，掌握平面上取投影面平行线、对投影面最大斜度线的作图方法，了解平面内投影面的最大斜度线的几何意义和物理意义，了解用最大斜度线来求平面对投影面的倾角的作图方法。

● *重点* 各种位置平面的投影特性，平面内取点、线，平面上特殊位置直线及平面对投影面的倾角。

● *难点* 平面内对投影面最大斜度线的理解与运用。

1.3.4 直线与平面、平面与平面的相对位置

● *学习基本要求*

(1) 掌握直线与平面平行、两平面相互平行的投影特性和作图方法；

(2) 熟练掌握直线与平面相交的交点、两平面相交的交线投影特性和交点或交线的求法及投影重叠部分可见性的判断方法；

(3) 掌握直线与平面垂直、两平面垂直的投影特性和作图方法；

(4) 能利用已掌握的图学知识图解简单的空间几何问题。

● *重点* 掌握几何元素之间的平行、相交、垂直的投影特性和作图方法。

● *难点* 一般位置直线与平面、一般位置平面与平面的相交及投影重叠部分可见性的判断，直线与平面垂直关系投影处理。

1.3.5 综合解题

● *学习基本要求*

能利用已掌握的图学知识，分析及图解一般难度的、综合性的空间几何问题的方法。

- **重点** 掌握解决几何元素间的综合问题(平行、相交、垂直)的分析及解题方法。
- **难点** 空间分析(升维),解题方案的确定(发散与收敛),空间问题在投影图上的表达(降维)。

1.3.6 投影变换

- **学习基本要求**

(1) 掌握换面法的基本概念;
(2) 熟练掌握换面法中点的新、旧投影间的投影规律;
(3) 掌握换面法的六个基本作图;
(4) 掌握用换面法解决空间几何元素间常见的度量和定位问题的方法,如求线段实长、平面图形实形,求线与面、面与面之间的距离和夹角的作图方法,并能注意作图技巧;
(5) 了解旋转法(绕垂直轴一次旋转)及其应用。
- **重点** 换面法的六个基本作图。
- **难点** 根据空间分析及解题要求,确定投影变换的目的、方法和具体步骤。

1.4 习题思考方法及解答

1.4.1 点的投影

【1-1】 如图 1-1 所示,已知空间点 A、B、C,完成各面投影(尺寸在轴测图上取整量取)。

■ **分析**

1. 点 A 在第一分角,其 H 面投影图 a 到 OX 轴的距离(aa_X),等于空间点 A 到 V 面的距离(Aa')。点 A 的 V 面投影 a' 到 OX 轴的距离($a'a_X$),等于空间点 A 到 H 面的距离(Aa)。点 A 的 V 面投影 a' 到 OZ 轴的距离($a'a_Z$),等于空间点 A 到 W 面的距离(Aa'')。

2. 点 B 在 H 面上,其 H 面投影 b 与空间点 B 重合,另两个投影 b'、b'' 分别在相应投影轴上,点 b 到 OX 轴和点 b'' 到原点 O 的距离,等于空间点 B 到 V 面的距离(Bb',亦即 $b''O$)。点 b' 到原点 O 和点 b 到 OY 轴的距离($b'O$ 和 bb''),等于空间点 B 到 W 面的距离(Bb'')。

3. 点 C 位于投影轴 Z 上,其 V 面投影 c'、W 面投影 c'' 都与空间点 C 重合,H 面投影 c 与原点 O 重合,$c'c$ 等于空间点 C 到 H 面的距离(Cc)。

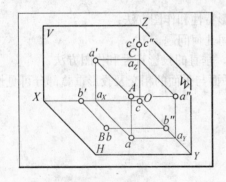

图 1-1 题 1-1 图

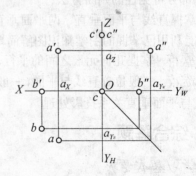

图 1-2 题 1-1 作图过程

■ *作图* 如图 1-2 所示。

1. 作点 A 的投影。按 1∶1 的比例沿三面体系轴测图中 OX、OY、OZ 轴上分别取点 a_X、a_Y、a_Z，再分别过点 a_X、a_Y、a_Z 作 X、Y、Z 轴的垂线，在 H、V、W 面上分别相交，即得到点 A 的三面投影 a、a′、a″。

2. 作点 B 的投影。在 OX、OY 轴上根据 O b′、O b″ 分别取点 b′、b″，再分别过投影点 b′、b″ 作 X、Y 轴的垂线，在 H 面上分别相交，即得到点 b。b、b′、b″ 是点 B 的三面投影。

3. 作点 C 的投影。在 OZ 轴上根据 OC 分别取投影点 c′、c″，即是点 C 的 V、W 面投影，其水平投影 c 与原点 O 重合。

■ *题后点评*

1. 不管点在空间处于什么位置，它们的投影将与坐标一一对应，在投影图上它们的正面投影与水平投影有"长对正"关系(X 坐标相等)，正面投影与侧面投影有"高平齐"关系(Z 坐标相等)，水平投影与侧面投影有"宽相等"关系(Y 坐标相等)。

2. 对初学者来说，首先是要能根据几何元素的空间位置画出其投影图，同时，也要能根据投影图想象出空间位置。点是最基本的几何元素，因此学习者首先必须掌握空间点在投影图上的图示方法。

■ *举一反三思考题*

1. 如图 1-3 所示，在投影图中，点 M 在 W 面上，其水平投影 m 是在 Y_H 上还是在 Y_W 上？
2. 如图 1-4 所示，OX 轴上的点 A、OY 轴上的点 B 的投影分别有何特征？

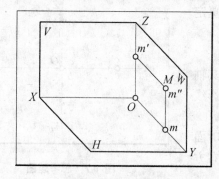

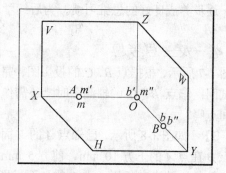

图 1-3 思考题 1 图　　　　　　　　图 1-4 思考题 2 图

【1-2】 如图 1-5 所示，已知点 A、B、C 的投影，完成其轴测图(尺寸在轴测图上取整量取)。

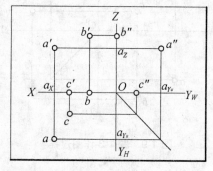

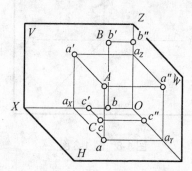

图 1-5 题 1-2 图　　　　　　　　图 1-6 题 1-2 作图过程

■ 分析

根据点 A 的三面投影 a、a'、a'' 可知，点 A 位于第一分角的一般位置；由于点 B 的 H 面投影 b、W 面投影 b'' 分别在 X、Z 轴上，可知点 B 位于 V 面上；由于点 C 的 V 面投影 c'、W 面投影 c'' 分别在 X、Y 轴上，得知点 C 位于 H 面上。

■ 作图　如图 1-6 所示。

1. 画三投影面体系第一分角轴测图。先画一矩形作为 V 面，另画对边与水平面成 $45°$ 角的两个平行四边形作为 H 面和 W 面，并注写各投影轴和投影面的规定标记。

2. 作点 A 的轴测图。根据点 A 的各投影连线与投影轴的交点 a_X、a_Y、a_Z，分别在轴测轴 OX、OY、OZ 上按 1∶1 的比例量取 a_X、a_Y、a_Z，并定出 a、a'、a''。分别过点 a、a'、a'' 作相应投影轴的平行线，所得交点即为空间的点 A。

3. 作点 B 的轴测图。在 OX、OZ 轴上根据图 1-5 中的 Ob、Ob'' 分别取点 b、b''，再分别过投影点 b、b'' 作相应轴的平行线，在 V 面上相交，即得到点 b'。空间点 B 与投影点 b' 重合。

4. 作点 C 的轴测图。在 OX、OY 轴上根据图 1-5 中的 Oc'、Oc'' 分别取点 c'、c''，再分别过投影点 c'、c'' 作相应轴的平行线，在 H 面上相交，即得到点 c。空间点 C 与投影点 c 重合。

■ 题后点评

学习画法几何与工程制图的第一步是：既能根据点的空间位置画出其投影图，又能根据点的投影图想象其空间位置。通过空间到平面、平面又回到空间的练习，明确空间点与其投影图之间的对应关系，逐步养成良好的思维习惯，为后续学习奠定基础。

■ 举一反三思考题

如图 1-7 所示，根据点 B、C 的投影图，完成其轴测图。试问：作点 B、C 的轴测图时，还需作投影线求其空间点吗？

【1-3】　如图 1-8 所示，已知点 A 的 V 面、W 面投影，点 B 在点 A 的下方 10 mm、前方 5 mm、右方 10 mm，完成点 A 的 H 投影、点 B 的各面投影。

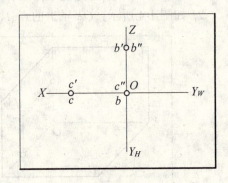

图 1-7　思考题图

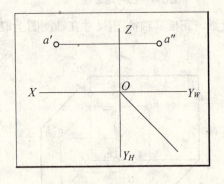

图 1-8　题 1-3 图

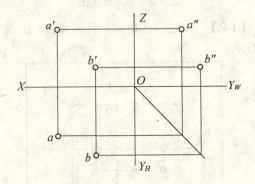

图 1-9　题 1-3 作图过程

■ **分析**

由于点在三投影面体系中的任何两面投影都能反映出该点的 X、Y、Z 坐标。空间两点前后、左右、上下的相对位置可由它们的坐标差来确定，故根据点的任何两面(V、H，V、W，H、W)投影均可判断某一点对定点的相对位置。根据已知条件得知点 B 位于点 A 的右前下方，依据两点的相对位置差，即可求出点 B 的投影。

■ **作图**   如图 1-9 所示。

1. 完成点 A 的投影。根据"长对正、宽相等"的投影规律作出点 A 的 H 面投影 a。

2. 作点 B 的投影。以 5 mm 为单位长，在 V 面投影上，以投影 a′右方、下方分别量取两个单位长(10 mm)作出 b′。在 W 面投影上，以投影 a″前方截取一个单位长定出点 B 的 Y 坐标，根据"长对正、高平齐、宽相等"的投影规律作出点 B 的 W、H 面投影 b″、b。

■ **题后点评**

空间两点的相对位置还可以根据它们的方位差来判断。由投影轴的形成原理，上下、左右的位置关系比较直观。前后位置关系较难想象，可按离 V 面远者是前的规律进行判断；反之亦然。

【1-4】   如图 1-10 所示，已知点 B 在点 A 的下方 15 mm，点 C 在点 A 的后方 10 mm，完成各点的各面投影。

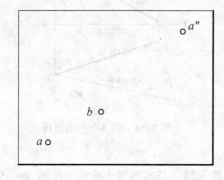 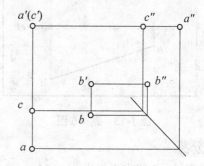

图 1-10 题 1-4 图　　　　　　　图 1-11 题 1-4 作图过程

■ **分析**

1. 点 A 的两面投影，实际上反映了空间 X、Y、Z 三个方位，且 A、B、C 三点同处于一个三投影体系中，已知点 A 的两面投影 a、a″，因此 45°斜线便是唯一位置，由点 A 的两面投影 a、a″确定其位置。因此必须先从点 A 开始作图，然后再作点 B、点 C 的投影。

2. 当两点的某两个坐标值相等时，该两点会处于同一条投射线上，因而对某一投影面的投影重合。

■ **作图**   如图 1-11 所示。

1. 完成点 A 的投影。根据"长对正、高平齐"的投影规律分别作出过点 a 的竖直投影连线和过点 a″的水平投影连线，两者相交得 V 面投影 a′。

2. 作点 B 的投影。点 B 位于点 A 的右后下方，以 5 mm 为单位长，在 V 面投影 a′下方量取三个单位长(15 mm)作出水平投影连线，与过点 b 的铅垂投影连线相交得 V 面投影 b′，根据"高平齐、宽相等"的投影规律作出点 B 的 W 面投影 b″。

3. 作点 C 的投影。点 C 位于点 A 的正后方，以 5 mm 为单位长，以点 A 的 Y 坐标为基准，向后方量取两个单位长(10 mm)作出点 C 的水平投影 c 及 W 面投影 c''，点 C 的 V 面投影 c' 与 a' 重合。

■ *题后点评*

在投影图中，投影轴的位置实际上反映投影面的位置，当不必考虑几何元素与投影面之间的距离时，一般用无轴投影图。在无轴投影图中，同一点的投影规律不变。

■ *举一反三思考题*

如图 1-12 所示，已知点 A 的两投影 a、a'，求作 a''，a'' 的位置唯一吗？

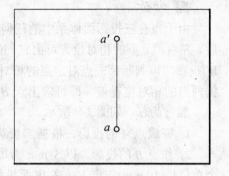

图 1-12　思考题图

1.4.2　直线的投影

【1-5】　如图 1-13 所示，已知线段 $AB=35$ mm，求 $a'b'$。

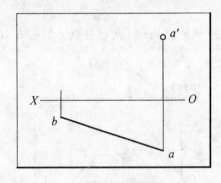

图 1-13　题 1-5 图

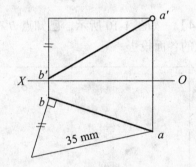

图 1-14　题 1-5 作图过程

■ *分析*

1. 若直线 AB 的水平投影 $ab>35$ mm，则此题无解；若直线 AB 的水平投影 $ab=35$ mm，则直线是水平线，此题有一解；若直线 AB 的水平投影 $ab<35$ mm，则直线是一般位置直线，此题有两解。本题由于 $ab<35$ mm，是一般位置直线，有两解，可应用直角三角形法求解。

2. 若选用含 α 角的直角三角形求解，此时已知线段实长 AB、水平投影 ab，则可作出含 α 角的直角三角形求出 α 角及 ΔZ_{AB}。若选用含 β 角的直角三角形求解，又可作出另一个直角三角形。

■ *作图*　如图 1-14 所示。

1. 选作含 α 角的直角三角形，以水平投影 ab 为直角边作直角三角形，使斜边反映实长(等于 AB)，另一直角边则为 ΔZ_{AB}；

2. 过点 A 的 V 面投影 a' 作线平行于 OX 轴，与 b 的投影线相交后，向下(解 1)或向上(解 2)量取 ΔZ_{AB} 得 b'。

■ *题后点评*

1. 应用直角三角形法解题，在头脑中应有一个清晰的直角三角形空间模型(见图 1-15)，这样不但能牢固地掌握具体作图的实质，以便在需用时，可借助模型来推导作图方法或加以验证，还可以在空间模型与投影对应的过程中训练形象思维能力。

2. 由图 1-14 可知，一般位置直线与三个投影面都有倾角，所以它所对应的有三组直角三角形。每组直角三角形中有四个不同的参数，只要已知其中的任意两个参数，就可作出此直角三角形而求得另外两个参数。

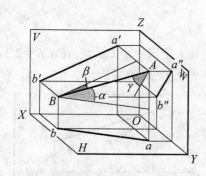

图 1-15 直角三角形几何模型

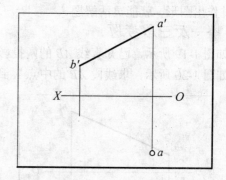

图 1-16 思考题图

■ **举一反三思考题**

如图 1-16 所示，已知线段 AB 相对 V 面的倾角 $\beta=30°$，求 ab。

【1-6】 如图 1-17 所示，已知线段 $AB=BC$，求 $b'c'$。

■ **分析**

已知线段 AB 与 BC 实长相等，又知 AB 的两面投影，故可采用直角三角形法求线段 AB 的实长，由 AB 的实长及 BC 的水平投影作一直角三角形，即可求出 $b'c'$。

■ **作图** 如图 1-18 所示。

1. 用直角三角形法求线段 AB 的实长。以水平投影 ab 为直角边作直角三角形，使 ΔZ_{AB} 为另一直角边，斜边则为 AB 反映实长(见图(a))。

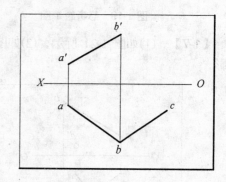

图 1-17 题 1-6 图

2. 求出 $b'c'$。以水平投影 bc 为直角边作直角三角形，使斜边(实长)$BC=AB$，与另一直角边相交得 ΔZ_{BC}，在 c 的投影连线上，量取 ΔZ_{BC} 得 c' (见图(b))。

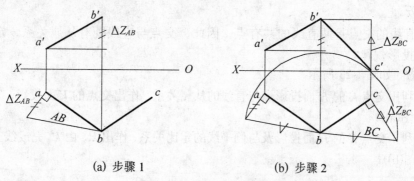

(a) 步骤1　　　　　　　　(b) 步骤2

图 1-18 题 1-6 作图过程

■ *题后点评*

在运用直角三角形法求解的习题中，其给题方式变化很多，但只要头脑中能建立一个清晰的如图 1-15 所示的模型，对已知条件进行全面研究，找到与某一直角三角形相关的几个几何参数并作出图形，就能灵活解题。

■ *举一反三思考题*

1. 如图 1-19 所示，已知直线 AB 的两投影，在其上定出一点 C，使 AC/CB = 2/3。
2. 如图 1-20 所示，求线段 AB 的中点 K 到其水平迹点 M 的实长。

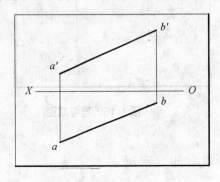

图 1-19　思考题 1 图

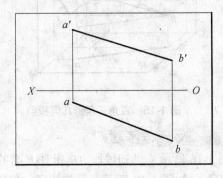

图 1-20　思考题 2 图

【1-7】　(1)如图 1-21 所示，(2)如图 1-22 所示，分别已知两直线为相交直线，完成其投影。

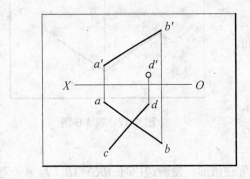

图 1-21　题 1-7(1)图

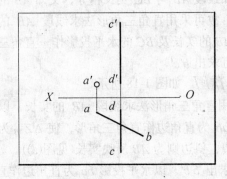

图 1-22　题 1-7(2)图

■ *分析*

相交两直线的交点是两直线的共有点，因此，交点与直线既有从属关系、定比关系，还符合点的投影规律。

■ *作图*　如图 1-23 所示。

题(1)　利用交点 K 的 H 面投影点与直线的从属关系，作出交点的 V 面投影，完成线上取点作出 c'(见图(a))。

题(2)　利用交点 K 的 H 面投影及与侧平线的定比关系，作出 k'，由 k' 完成线上取点作出 c' 及 a'b' (见图(b))。

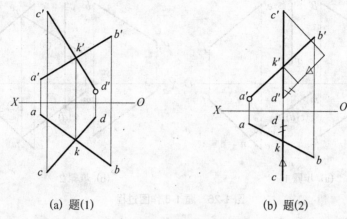

(a) 题(1)　　　　　　　　　(b) 题(2)

图 1-23　题 1-7 作图过程

■ *题后点评*

若两投影图中的相交直线为一般位置直线，则交点根据其公有性和从属性即可由一个投影作出另一个投影。若相交两直线中有一条为第三投影面平行线(如题(2)中的侧平线 CD)，则要作出第三面投影或利用直线上点的定比性来作出另外的投影。在运用定比性作图时，注意所量取线段基准点的选取。

■ *举一反三思考题*

如图 1-24 所示，已知 $\angle BAC=60°$，求 $c'(a'b'//OX)$。

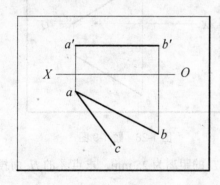　　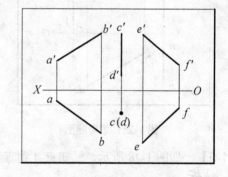

图 1-24　思考题图　　　　　图 1-25　题 1-8 图

【1-8】　如图 1-25 所示，作一直线与 AB 平行，与 CD、EF 相交。

■ *分析*

1. 由两直线平行的几何条件，两直线的各同面投影必相互平行。
2. 由两直线相交的几何条件，两直线必交于一点，其交点是两直线的共有点。

■ *作图*　如图 1-26 所示。

1. 过铅垂线的 H 面投影 $c(d)$ 作直线 MN 的 H 面投影 mn 与 ab 平行，与 ef 相交于 n(见图(a))。

2. 在直线 $e'f'$ 上求得 n'，过点 n' 作直线投影 $m'n'$ 与 $a'b'$ 平行，与 $c'd'$ 相交(见图(b))。

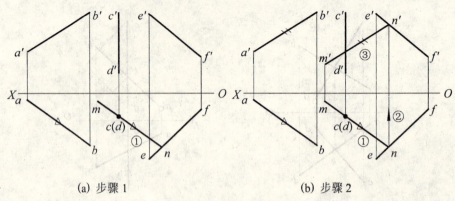

(a) 步骤 1　　　　　　　　　(b) 步骤 2

图 1-26　题 1-8 作图过程

■ *题后点评*

1. 当有几何元素具有积聚性投影时，不但可简化作图过程，还提示解题应从具有积聚性投影入手。
2. 线段 MN 的长短可任取，但两面投影应符合对应关系。

■ *举一反三思考题*

如图 1-27 所示，求作一正平线，与已知直线 AB、CD、EF 都相交。

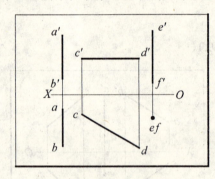

图 1-27　思考题图

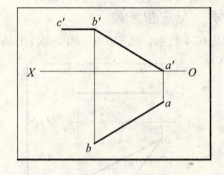

图 1-28　题 1-9 图

【1-9】　如图 1-28 所示，已知点 A 到直线 CD 的距离为 25 mm，求点 A 的 H 面投影。

■ *分析*

1. 点 A 到直线 CD 的距离是过点 A 作直线 AM，使 $AM \perp CD$。
2. 根据直角投影定理，$a'm' \perp c'd'$。

■ *作图*　如图 1-29 所示。

1. 过点 a' 作直线 $a'm' \perp c'd'$，运用直角三角形法，利用实长 25 mm 及投影长 $a'm'$，求作 ΔY_{AM}（见图(a)）。
2. 根据 ΔY_{AM} 求作点 A 的 H 面投影 a，作出 AM 的 H 面投影 am（见图(b)）。

■ *题后点评*

若直线 AM 的 V 面投影 $a'm' > 25$ mm，则此题无解；若 $a'm' = 25$ mm，则 AM 是正平线，此题有一解；若 $a'm' < 25$ mm，则 AM 是一般位置直线，此题有两解。由于 $a'm' < 25$ mm，可运用直角三角形法求作距离 AM。

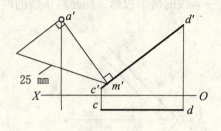 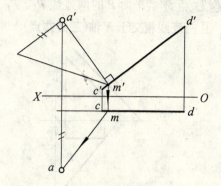

(a) 步骤1　　　　　　　　(b) 步骤2

图 1-29　题 1-9 作图过程

■ *举一反三思考题*

1. 如图 1-30 所示，求两直线的公垂线投影及实长。

2. 如图 1-31 所示，已知直线 AB 垂直于 BC，在 BC 上取一点 D，使 $AB=2BD$，求点 D 的两投影。

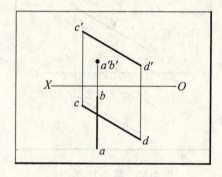 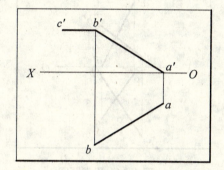

图 1-30　思考题 1 图　　　　　图 1-31　思考题 2 图

1.4.3　平面的投影

【1-10】如图 1-32 所示，用迹线表示平面的两投影。

■ *分析*

1. 平面 P 为一般位置平面，该平面的迹线为该平面上的两条相交直线。

2. 迹线是特殊位置直线，它既在投影面上，又在平面上，因此，平面上的水平迹线平行于平面上的水平线。平面上的正面迹线平行于平面上的正平线。

■ *作图*　如图 1-33 所示。

1. 求作平面的正面迹点，过该点作正平线的平行线（见图(a)）。

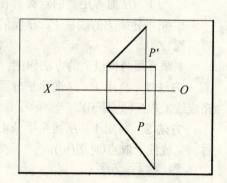

图 1-32　题 1-10 图

2. 求作平面的水平迹点，过该点作水平线的平行线，完成迹线投影（见图(b)）。

■ *题后点评* 平面 P 的两迹线 P_V、P_H 不是一条线的两个投影，而是两条线的两个不同的投影，且两迹线相交于 X 轴(三面共点)。

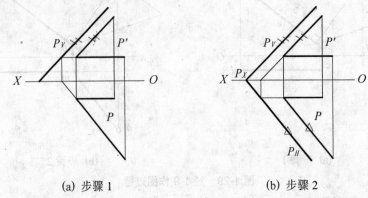

(a) 步骤 1　　　　　　　　(b) 步骤 2

图 1-33　题 1-10 作图过程

■ *举一反三思考题*
如图 1-34 所示，用迹线表示平面的两投影。

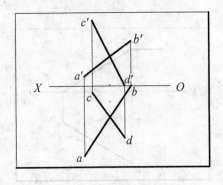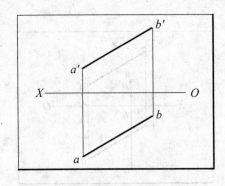

图 1-34　思考题图　　　　图 1-35　题 1-11 图

【1-11】 如图 1-35 所示，在线段 AB 上取一点 K，使其与 V、H 面等距离。

■ *分析*
1. 与 V、H 面等距离的点集合在 V、H 面的角平分面上，该平面为侧垂面。
2. 角平分面上的线在 V、H 面的投影相互对称于 X 轴。

■ *作图*
本题可用两种以上的方法作图，其中两种作图方法如图 1-36 所示。

方法 1　利用 V、H 面角平分面的积聚性投影与直线的交点确定点 K 的一个投影 k' 后，完成线上取点(见图(a))。

方法 2　利用 V、H 面角平分面上的线的投影与直线投影的交点确定点 K 的一个投影 k 后，完成线上取点(见图(b))。

■ *题后点评*
1. 若直线 AB 在 H、V 面的角平分面内，则直线 AB 上任一点都为所求；若直线 AB 平行于角平分面，则此题无解；若直线与角平分面不平行，则一定相交，交点就是所求。

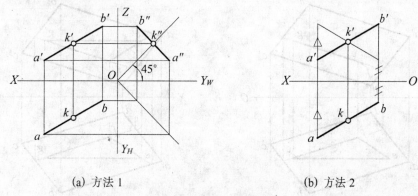

(a) 方法1　　　　　　　　　　(b) 方法2

图 1-36　题 1-11 作图过程

2. 在投影图中，投影轴的位置反映投影面的位置，点的投影到轴间距离反映空间点到投影面的距离。如与 X 轴距离相等的点的投影，表示该点与 V、H 面的距离相等；与 X、Y、Z 轴距离相等的点的投影，表示该点与 V、H、W 面的距离均相等。

■ 举一反三思考题

如图 1-37 所示，在线段 AB 上取一点 K，使其 Y 坐标是 Z 坐标的两倍。

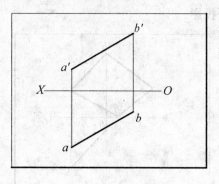

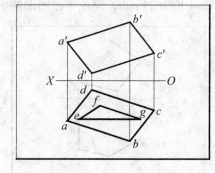

图 1-37　思考题图　　　　　图 1-38　题 1-12 图

【1-12】　如图 1-38 所示，完成平面图形 $ABCD$ 上的三角形 EFG 的正面投影。

■ 分析

1. 由图 1-38 可知 $FG \parallel CD$。
2. 若直线在平面上，则直线一定在过该平面上的一个点且平行于该平面上的另一条直线上。

■ 作图　如图 1-39 所示。

1. 在平面 $ABCD$ 的 H 面投影上过 f、g 作直线平行于边线 CD，完成 $f'g'$ 投影（见图(a)）。
2. 在平面 $ABCD$ 的 H 面投影上过 f、e 作直线，完成三角形的正面投影 $e'f'g'$（见图(b)）。

■ 题后点评

同一个平面上的直线之间有两种关系：平行或相交。在观察、分析平面图形直线间的关系后，运用直线平行投影特性、相交具有公共点的特点作图比较简捷、准确。

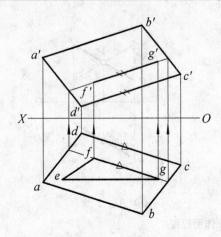

(a) 步骤 1　　　　　　　　(b) 步骤 2

图 1-39　题 1-12 作图过程

■ 举一反三思考题

1. 如图 1-40 所示，完成平面图形 ABCDE 的两面投影。

2. 如图 1-41 所示，已知平面图形 ABCD 的 V 面投影 a'b'c'd' 和边线 BC 的 H 面投影 bc，边线 AD 的实长为 35 mm，完成平面图形的 H 面投影。

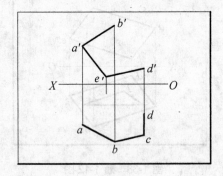
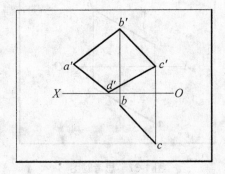

图 1-40　思考题 1 图　　　　　图 1-41　思考题 2 图

【1-13】 如图 1-42 所示，已知正方形一对角线 AB 的两投影，另一对角线 CD 为侧平线，完成正方形的两面投影。

■ 分析

1. 正方形的几何特性：两对角线垂直、平分、等长。
2. 对角线 AB 为一般位置直线，运用直角三角形法求作线段 AB 的实长。
3. 对角线 CD 为侧平线，c"d" 反映实长 CD，且 a"b" ⊥ c"d"。

■ 作图　如图 1-43 所示。

1. 利用正方形两对角线互相垂直、平分的特性作出侧平线 CD 的 V、W 面投影方向，运用直角三角形法求作线段 AB 实长(见图(a))。

图 1-42　题 1-13 图

2. 利用正方形两对角线等长的特性作出侧平线 CD 的 V、W 面投影，完成正方形的 V、W 面投影(见图(b))。

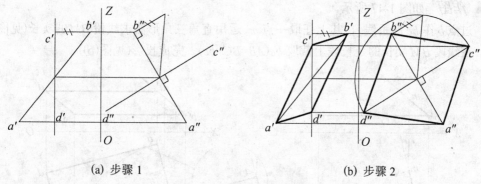

(a) 步骤 1　　　　　　　　　　(b) 步骤 2

图 1-43　题 1-13 作图过程

■ **题后点评**

当已知条件涉及平面几何图形时，必须考虑该图形的全部几何特征，作为解题的启示。如给出的是正方形时，对边相等、邻边相互垂直、对角线相互垂直平分且相等这些性质，都要逐一考虑，然后，根据需要运用某一几何特征来解题。

■ **举一反三思考题**

1. 如图 1-44 所示，已知矩形平面 $ABCD$ 的水平投影及对角线 AC 的正面投影(AC 为水平线)，完成其正面投影。

2. 如图 1-45 所示，已知等边三角形 ABC 的顶点 A 在 BL 线上，并在点 B 的前方，求作等边三角形 ABC 的两面投影。

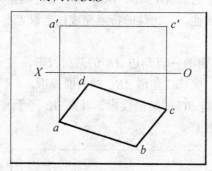

图 1-44　思考题 1 图

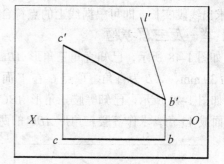

图 1-45　思考题 2 图

【1-14】　如图 1-46 所示，已知正方形 $ABCD$ 的一边 BC 平行于 H 面及另一边 AB 的 V 面投影方向，完成正方形的两面投影。

■ **分析**

1. 根据正方形两邻边垂直、各边等长的几何特性，可知 $AB \perp BC$、$AB=BC$。

2. 因为边 BC 为水平线，所以 bc 反映直线 BC 实长，同时反映与邻边 AB 的垂直关系，$ab \perp bc$。

3. 直线 AB 为一般位置直线，其两投影都不反映实

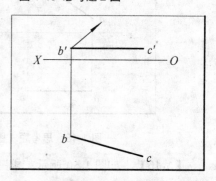

图 1-46　题 1-14 图

长，确定点 A 可取任意长度线段 BM，利用直线上的点符合从属性、定比性的特点，并运用直角三角形法求解。

■ **作图**　如图 1-47 所示。

1. 过点 b 作 bc 的垂线，在其上任取一点 m，运用直角三角形法求线段 BM 的实长(见图(a))。
2. 在线段 BM 实长的延长线上截取 bc(AB=BC=bc)，完成投影(见图(b))。

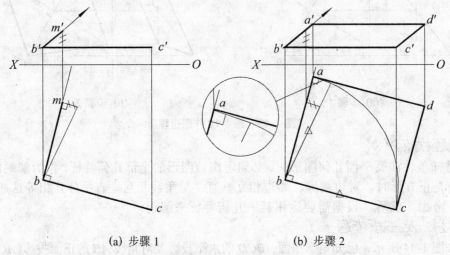

(a) 步骤 1　　　　　　　(b) 步骤 2

图 1-47　题 1-14 作图过程

■ **题后点评**

正方形 ABCD 边线 AB 的投影方向一旦确定，边线 AB 的 α、β、γ 角也随之确定，任取线上一段求出线段实长，即可根据线上的点符合从属性、定比性的特点完成线上取点。

■ **举一反三思考题**

1. 如图 1-48 所示，已知直角三角形 ABC 平面的一直角边 AB 的两面投影，另一直角边 BC 长为 30 mm，∠B 为直角，顶点 C 在 V 面上，完成三角形 ABC 的两面投影。
2. 如图 1-49 所示，已知等腰三角形 ABC 底边 BC 的两面投影，其高 AE 等于底边 BC，且与 H 面成 45° 角，求作等腰三角形 ABC 的两面投影。

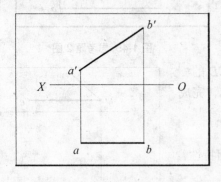
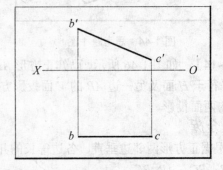

图 1-48　思考题 1 图　　　　图 1-49　思考题 2 图

【1-15】　如图 1-50 所示，求三角形 ABC 与 H 面的倾角 α 及与 V 面的倾角 β。

▪ 分析

1. 平面三角形 ABC 为一般位置平面，其各面投影均不反映平面对投影面的倾角，因此可利用平面内对投影面的最大斜度线求平面对投影面的倾角。

2. 根据平面上对某投影面的最大斜度线的几何意义，平面上对 H 面的最大斜度线的 α 角等于平面的 α 角，平面上对 V 面的最大斜度线的 β 角等于平面的 β 角。

3. 平面上的最大斜度线与相应投影面平行线垂直。

▪ 作图 如图 1-51 所示。

1. 在三角形 ABC 平面内作水平线 AD，再作 H 面的最大斜度线 CM(AD⊥CM)(见图(a))。

2. 用直角三角形法求 H 面的最大斜度线 CM 的 α 角，即为平面的 α 角(见图(b))。

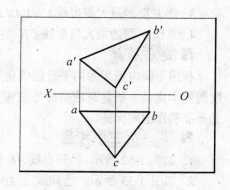

图 1-50 题 1-15 图

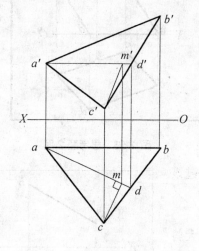

(a) 步骤 1

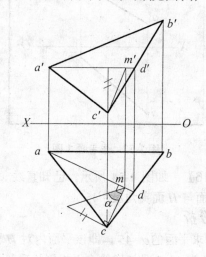

(b) 步骤 2

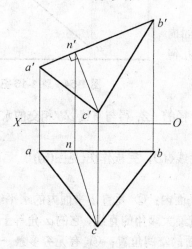

(c) 步骤 3

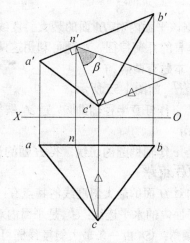

(d) 步骤 4

图 1-51 题 1-15 作图过程

3. 作 V 面的最大斜度线 $CN(AB \perp CN)$（见图(c)）。

4. 求作 V 面的最大斜度线 CN 的 β 角，即为平面的 β 角（见图(d)）。

■ *题后点评*

利用平面内投影面的平行线确定平面对投影面的最大斜度线方向，是解决与本题同类问题的基本途径，解题时应搞清楚几何元素间相互约束的几何条件。这既是空间分析的依据，又是准确作图的保证。

■ *举一反三思考题*

1. 如图 1-52 所示，已知直线 AB 是平面内对 H 面的最大斜度线，求作该平面的两面投影。

2. 如图 1-53 所示，已知屋面 $ABCD$ 及位于其上水滴点 E 的两投影，求作该水滴点 E 沿屋面滚落时轨迹及屋面与 H 面的夹角。

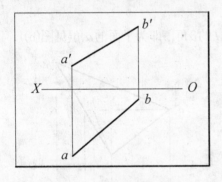

图 1-52 思考题 1 图

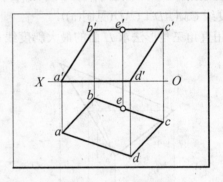

图 1-53 思考题 2 图

【1-16】 如图 1-54 所示，已知直线 AB，试过该线作一平面与 H 面夹角 α 为 45°。

■ *分析*

1. 所求平面的 $\alpha = 45°$，即该平面内对 H 面的最大斜度线的 α 角为 45°，且该线的水平投影长度等于该线的高度差 ΔZ。

2. 根据该平面内对 H 面的最大斜度线与该平面内的水平线垂直的几何特征，本题可利用这两种线的几何关系求解。本题有两解。

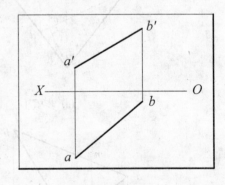

图 1-54 题 1-16 图

■ *作图* 如图 1-55 所示。

1. 过点 a 作任意半径辅助圆，过 a' 取等同圆半径的 ΔZ，得与直线 $a'b'$ 相交的水平线的交点 c'（见图(a)）。

2. 过点 c 作辅助圆的切线，得 H 面的最大斜度线 AD，完成作图（见图(b)）。

■ *题后点评*

平面内对 H 面的最大斜度线的特点有：① 在平面内；② 垂直于平面内的水平线；③ 垂直于所在平面内的水平迹线；④ 是平面内对 H 面成最大倾角的直线，它的 α 角等于所在平面对 H 面的倾角；⑤ 由一条最大斜度线即可确定平面的空间位置；⑥ 有无穷多条。

平面内对 V 面和 W 面的最大斜度线同样有类似的特点。

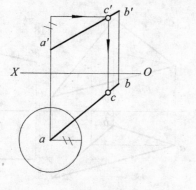
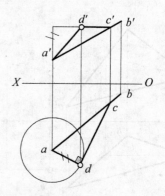

(a) 步骤 1　　　　　　　(b) 步骤 2

图 1-55　题 1-16 作图过程

■ 举一反三思考题

1. 如图 1-56 所示，已知点 A，试过该点作平面 $P(\beta=45°)$，并使 P_V 与 OX 轴夹角为 $60°$。提示：① 过点 a' 作与 OX 轴夹角为 $60°$ 的正平线——迹线 P_V 的平行线；② 本题有两解。

2. 如图 1-57 所示，已知平面 ABC 的 β 角为 $30°$，完成该平面的 V 面投影。提示：根据 $\beta=30°$ 及宽度差 ΔY，应用直角三角形法和平面内对 V 面的最大斜度线的概念求解。

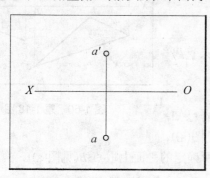

图 1-56　思考题 1 图　　　　图 1-57　思考题 2 图

1.4.4 直线与平面、平面与平面的相对位置

【1-17】 如图 1-58 所示，过点 E 作正平线 EF，使其平行于三角形 ABC，EF 长 18 mm。

■ 分析

由线面平行的几何定理，直线 EF 必平行于已知平面三角形 ABC 内的一条正平线。

■ 作图　如图 1-59 所示。

1. 过平面三角形 ABC 上任意一点，如点 A，作一条正平线的两投影（见图(a)）。

2. 过点 E 作平面三角形 ABC 上正平线的平行线（见图(a)）。

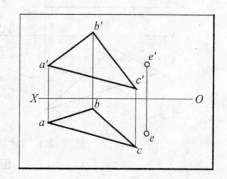

图 1-58　题 1-17 图

3. 在正平线的实长投影上取该线段的端点 f'，完成 EF 的两投影（见图(b)）。

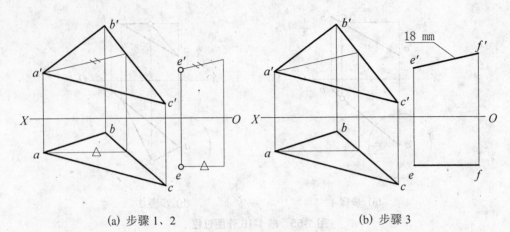

(a) 步骤 1、2　　　　　　　　　　(b) 步骤 3

图 1-59　题 1-17 作图过程

■ *题后点评*

求解几何元素平行问题的作图方法是直接根据前述几何元素间相互平行的几何定理进行的。

【1-18】　如图 1-60 所示，已知直线 EF 平行于三角形 ABC，求作三角形 ABC 的正面投影。

■ *分析*

由线面平行的几何定理，平面 ABC 内必有一条直线平行于已知直线 EF。

■ 作图　如图 1-61 所示。

1. 过平面三角形 ABC 上任意一点，如点 A，作已知直线 EF 的平行线 AD，以确定平面的空间位置(见图(a))。

2. 连接 CD 并延长至点 B，在由两条相交线所确定的平面上取点 B(见图(a))。

3. 完成平面 ABC 的 V 面投影(见图(b))。

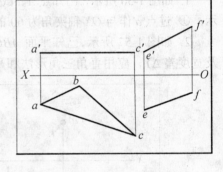

图 1-60　题 1-18 图

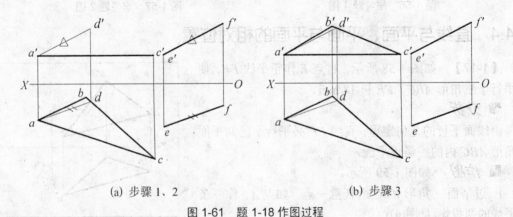

(a) 步骤 1、2　　　　　　　　　　(b) 步骤 3

图 1-61　题 1-18 作图过程

【1-19】　如图 1-62 所示，已知三角形 ABC 平行于直线 EF、DG，求作平面 $DE//FG$ 的水平投影。

■ *分析*

由面面平行的几何定理,两平面内必各有两条相交直线相互平行。

■ *作图* 如图 1-63 所示。

1. 在已知平面 ABC 上作两条相交直线与由两平行直线所确定的平面内的两条相交直线平行,如直线 DE、EF(见图(a))。

2. 过点 D 作直线 DE 的水平投影 de 后,由点 e 可作出点 f(见图(b))。

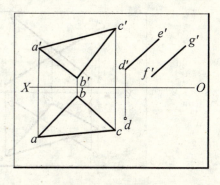

图 1-62 题 1-19 图

3. 完成平面 DE、FG 的 H 面投影(见图(b))。

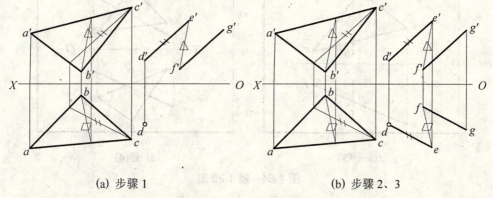

(a) 步骤 1　　　　　　　(b) 步骤 2、3

图 1-63 题 1-19 作图过程

【1-20】 如图 1-64 所示的四种情况(1)、(2)、(3)、(4),分别求直线 AB 与平面三角形 CDE 的交点,并判断其可见性。

■ *分析*

线面相交需要处理好两个问题:

1. 解决线面公有问题——求公共点。当相交元素之一具有积聚性投影时,可利用该积聚性投影直接获得交点的一个投影后,由线上取点或面上取点完成交点的另外投影。当相交元素均处于一般位置时,可先将线面相交问题转化为面面相交问题,利用该积聚性投影直接获得交点的一个投影后,由线上取点或面上取点完成交点的另外投影。

2. 解决线面投影间遮挡问题——判断可见性。

(1) 直观判断。想象线、面的空间位置后,判断投影中直线的可见性。该方法适合于相交元素之一具有积聚性投影时的情况。

(2) 重影点判断。在需要判断可见性的投影上,任选一对交叉线上的重影点,判断直线在该投影中的可见性。

■ *作图*

题(1) 利用平面具有积聚性的投影作图,如图 1-65 所示。

1. 利用平面在 V 面的积聚性投影确定交点的一个投影,完成线上取点(见图(a))。

2. 在 H 面投影中任选取一对重影点 Ⅰ、Ⅱ,由重影点的上下位置关系,判断直线在 H 面投影的可见性(见图(b))。

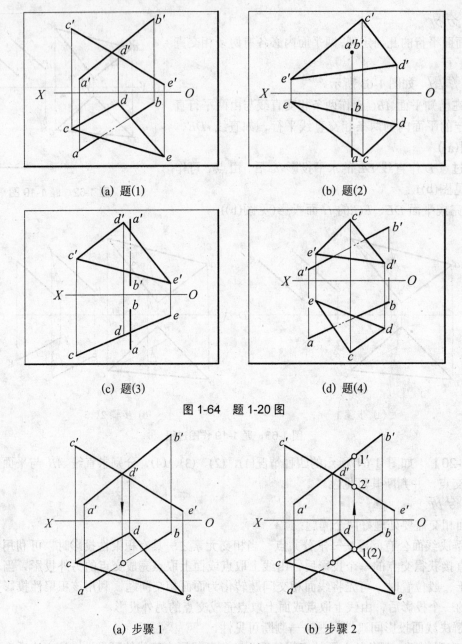

图 1-64 题 1-20 图

图 1-65 题 1-20(1)作图过程

题(2) 利用直线具有积聚性的投影作图,如图 1-66 所示。

1. 利用直线在 V 面的积聚性投影确定交点的一个投影,完成面上取点(见图(a))。

2. 在 H 面投影中任选取一对重影点 Ⅰ、Ⅱ,由重影点的上下位置关系,判断直线在 H 面投影的可见性(见图(b))。

题(3) 利用平面具有积聚性的投影及运用分比法在直线上取点作图,如图 1-67 所示。

1. 利用平面在 H 面的积聚性投影确定交点的一个投影,完成线上取点(见图(a))。

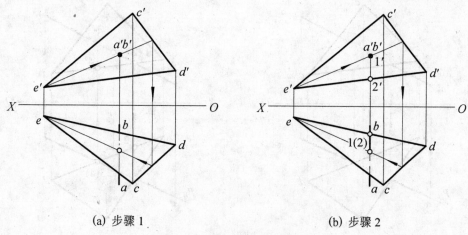

(a) 步骤1　　　　　　　　(b) 步骤2

图 1-66　题 1-20(2)作图过程

2. 在 V 面投影中任选取一对重影点 Ⅰ、Ⅱ，由重影点的前后位置关系，判断直线在 V 面投影的可见性(见图(b))。

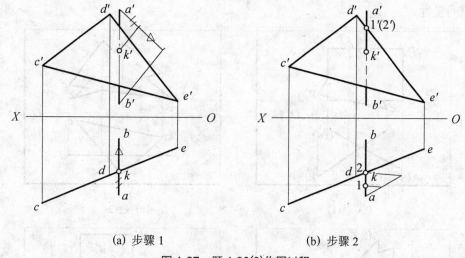

(a) 步骤1　　　　　　　　(b) 步骤2

图 1-67　题 1-20(3)作图过程

题(4)　运用辅助面法作图，如图 1-68 所示。

1. 包含直线 AB 作一铅垂面 P，由求两平面间交线，进而求得线面间之交点的一个投影，完成线上取点(见图(a))。

2. 在 V、H 面投影中分别任选取一对重影点 Ⅰ、Ⅱ 和 Ⅲ、Ⅳ，由各对重影点的前后、上下位置关系，判断直线在 V、H 面投影的可见性(见图(b))。

■ **题后点评**

判断可见性时应尽量用直观法，这有助于激发想象力。

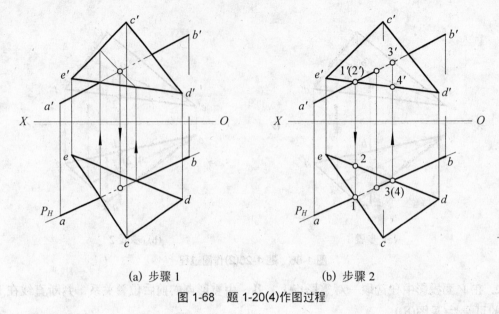

(a) 步骤1　　　　　　　　(b) 步骤2

图 1-68　题 1-20(4)作图过程

【1-21】　如图 1-69 所示的六种情况(1)、(2)、(3)、(4)、(5)、(6)，分别求两平面的交线，并判断其可见性。

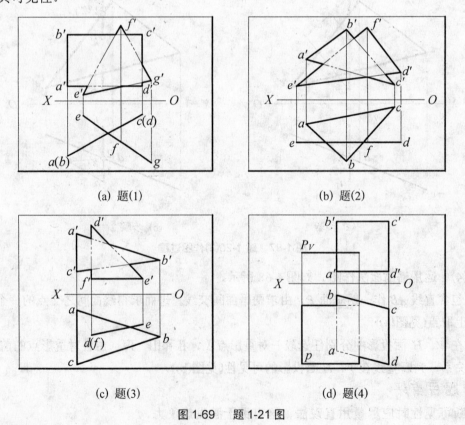

(a) 题(1)　　　　　　　　(b) 题(2)

(c) 题(3)　　　　　　　　(d) 题(4)

图 1-69　题 1-21 图

分析

面面相交需要处理好以下两个问题：

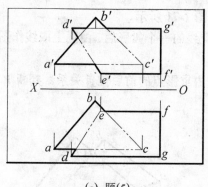

(e) 题(5)

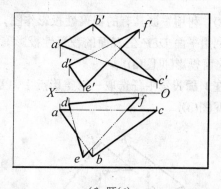

(f) 题(6)

续图 1-69

1. 解决面面公有问题——求交线。当相交元素之一具有积聚性投影时，可利用该积聚性投影直接获得交线的一个投影后，由面上取线或面上取点完成交线的另外投影，如题(1)、(2)、(3)、(4)；而题(6)为两个侧垂面相交，故其交线与题(1)类似，为一条投影面垂直线。当相交元素均处于一般位置时，可求出交线上的两个公共点后连接成线。

求解方法：先将面面相交问题转化为线面相交问题，进而求得公共点。

2. 解决面面投影间遮挡问题——判断可见性。

(1) 直观判断。想象两平面的空间位置后，判断投影中的可见性。该方法较适合于相交元素之一具有积聚性投影时的情况。

(2) 重影点判断。在需要判断可见性的投影上，任选一对交叉线上的重影点，判断在该投影中的可见性。

■ 作图

题(1) 利用平面具有的积聚性投影作图，如图 1-70 所示。

1. 利用两平面在 H 面的积聚性投影确定交线的一个投影后，完成该交线的 V 面投影(见图(a))。

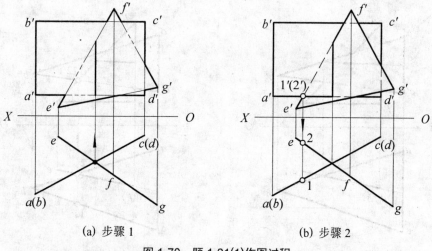

(a) 步骤1　　　　(b) 步骤2

图 1-70　题 1-21(1)作图过程

2. 在 V 面投影中任选取一对重影点 Ⅰ、Ⅱ，由重影点的前后位置关系，判断 V 面投影的可见性(见图(b))。

题(2) 利用平面具有的积聚性投影作图,如图 1-71 所示。

1. 利用平面 DEF 在 H 面的积聚性投影确定交线的一个投影后,由面上取线作图,完成该交线的 V 面投影(见图(a))。

2. 在 V 面投影中任选取一对重影点 Ⅰ、Ⅱ,由重影点的前后位置关系,判断 V 面投影的可见性(见图(b))。

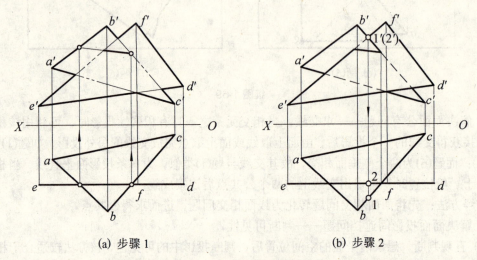

(a) 步骤 1   (b) 步骤 2

图 1-71 题 1-21(2)作图过程

题(3) 利用平面具有的积聚性投影及运用分比法在直线上取点作图,如图 1-72 所示。

1. 利用平面 DEF 在 H 面的积聚性投影确定交线的一个投影后,由面上取线作图,完成该交线的 V 面投影(见图(a))。

2. 在 V 面投影中任选取一对重影点 Ⅰ、Ⅱ,由重影点的前后位置关系,判断 V 面投影的可见性(见图(b))。

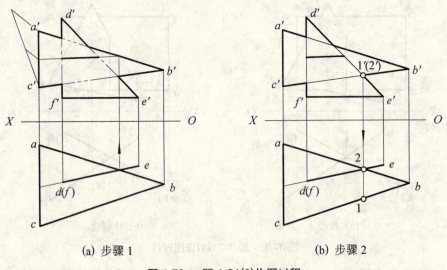

(a) 步骤 1   (b) 步骤 2

图 1-72 题 1-21(3)作图过程

题(4) 利用平面具有的积聚性投影及运用分比法在直线上取点作图，如图 1-73 所示。

1. 利用平面 P 在 V 面的积聚性投影确定交线的一个投影后，由面上取线作图，完成该交线的 H 面投影(见图(a))。

2. 在 H 面投影中任选取一对重影点 Ⅰ、Ⅱ，由重影点的上下位置关系，判断 H 面投影的可见性(见图(b))。

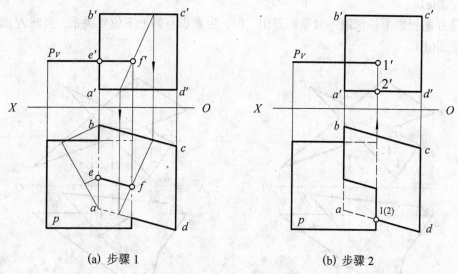

(a) 步骤 1　　　　　　　　(b) 步骤 2

图 1-73　题 1-21(4)作图过程

题(5) 应用辅助平面法作图，如图 1-74 所示。

1. 利用平面 P 在 V 面的积聚性投影确定交线的一个投影后，由面上取线作图，完成该交线的 H 面投影(见图(a))。

2. 在 H 面投影中任选取一对重影点 Ⅰ、Ⅱ，由重影点的上下位置关系，判断 H 面投影的可见性(见图(b))。

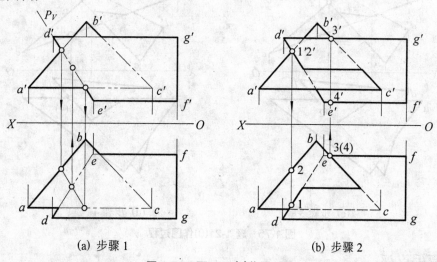

(a) 步骤 1　　　　　　　　(b) 步骤 2

图 1-74　题 1-21(5)作图过程

题(6) 应用辅助平面法作图，如图 1-75 所示。

1. 选择边线 DF 作一正垂面 P，由求平面 P 与平面 ABC 间交线，进而求得两已知平面重叠部分作出交线的两投影(见图(a))。

2. 选择边线 EF 作一正垂面 R，求出 EF 与平面 ABC 的交点后，在两已知平面的重叠的交线中一个公共点的两投影(见图(b))。

3. 在 V 面投影中任选取一对重影点Ⅰ、Ⅱ，由重影点的前后位置关系，判断 V 面投影的可见性(见图(c))。

4. 在 H 面投影中任选取一对重影点Ⅲ、Ⅳ，由重影点的上下位置关系，判断 H 面投影的可见性(见图(d))。

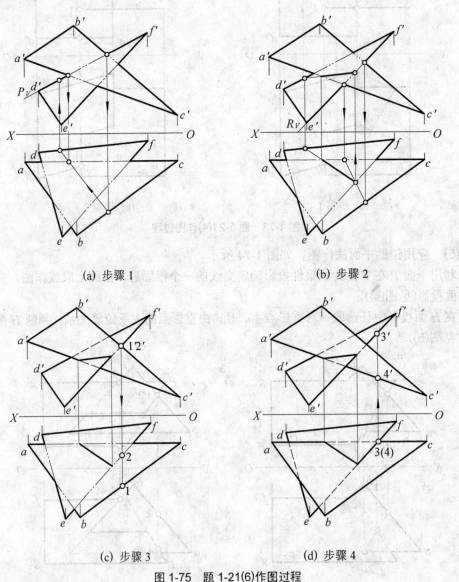

图 1-75 题 1-21(6)作图过程

■ 题后点评

1. 作交线的投影，即可取交线上的两个点(如端点)；作连线，也可取交线上的一个点，过该点作已知方向的平行线。如题(4)，因交线平行于平面 ABCD 的边线 AD，只要作出任意一个公共点，就可作边线 AD 的平行线完成作图。

2. 两个有形面交线的长度应取两平面投影重叠范围内的线段。

【1-22】 如图 1-76 所示，求两平面的交线。

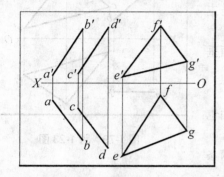

图 1-76 题 1-22 图　　　　　　图 1-77 题 1-22 空间分析

■ **分析** 空间分析如图 1-77 所示。

1. 两个一般位置平面虽在两投影图中没有投影重叠，在判断它们既不共面也不平行后，两平面的相互位置可能有三种情况：共面、平行、相交。若不共面或不平行，则一定相交，若相交，则应求两平面相交之交线。

2. 求解可利用三面共点的原理，作两个特殊辅助平面，分别求得两个公共点后作连线。

■ **作图** 如图 1-78 所示。

1. 作水平面 P_{V_1}，分别求该面与平面 ABDC、EFG 的交线，两交线相交得公共点Ⅰ(见图(a))。

2. 作水平面 P_{V_2}，由求该面与平面 ABDC、EFG 的交线，求得公共点Ⅱ，连线ⅠⅡ完成作图(见图(b))。

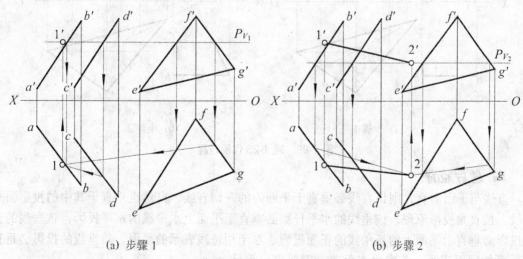

(a) 步骤 1　　　　　　　　　　　　(b) 步骤 2

图 1-78 题 1-22 作图过程

■ *题后点评*

1. 用三面共点法求两平面的交线时，原则上可采用各种类型的辅助面(平面或曲面)，但就作图的方便性而言，常选用特殊位置平面——平行面或垂直面。

2. 注意该方法在后面求作截交线和相贯线中是主要的求解方法之一。

【1-23】 如图 1-79 所示，过直线 AB 作一平面垂直于平面三角形 CDE。

■ *分析*

1. 平面 CDE 为一般位置平面，与该面垂直的面也必为一般位置平面。

2. 过一直线作一平面的几何元素表现形式为两条相交直线。

3. 由线面垂直的几何条件，所作的平面中必有一组与已知平面垂直的线，因此，只要过直线 AB 上任一点作一直线与平面 CDE 垂线。

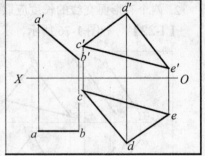

图 1-79 题 1-23 图

■ *作图* 如图 1-80 所示。

1. 为表现垂直投影关系，在平面 CDE 上分别作投影面的水平线和正平线(见图(a))。

2. 过点 A 作直线 A Ⅰ 与两条投影面平行线垂直，完成作图(见图(b))。

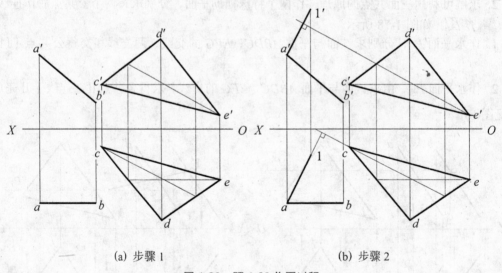

(a) 步骤 1　　(b) 步骤 2

图 1-80 题 1-23 作图过程

■ *题后点评*

直线与平面垂直，则该直线必垂直于平面内的一切直线，自然也垂直于其中的投影面平行线。按直角投影原理，该垂线的水平投影必垂直于平面上水平线的水平投影，该垂线的正面投影必垂直于平面上的正平线的正面投影。对于用迹线表示的平面，该垂线的投影必垂直于平面的同面迹线。若求垂直距离，则要求出垂足。

【1-24】 如图 1-81 所示，已知平面三角形 ABC 垂直于平面四边形 $DEFG$，求作三角形 abc。

■ *分析*

在两相互垂直的平面中,必各自含有另一平面的垂线,要完成平面三角形 ABC 的水平投影,可借助平面四边形 DEFG 中垂直于三角形 ABC 的一条垂线,在确定三角形 ABC 所在平面的空间位置后,由面上取线完成作图。

■ *作图*　如图 1-82 所示。

1. 过点 B 作四边形 DEFG 的垂线 BⅠ,确定三角形 ABC 的空间位置。

2. 连线 c1 并延长至点 a,完成三角形 ABC 的 H 面投影。

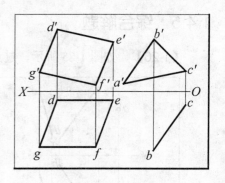

图 1-81　题 1-24 图

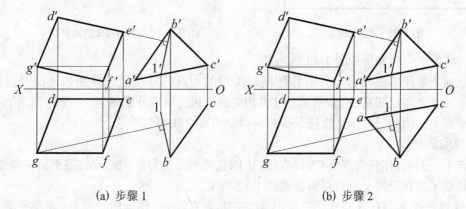

(a) 步骤 1　　　　　　　　　(b) 步骤 2

图 1-82　题 1-24 作图过程

【1-25】　如图 1-83 所示,过点 M 作平面平行于直线 AB,垂直于平面三角形 CDE。

■ *分析*

过点 M 可作一直线与三角形 CDE 垂直,而包含该直线所作任何平面都与三角形 CDE 垂直,其中有一个平面与直线 AB 平行,因此,所作平面中必有两条线:与三角形 CDE 垂直的线和与直线 AB 平行的线。

■ *作图*　如图 1-84 所示。

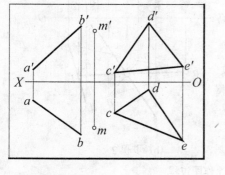

图 1-83　题 1-25 图　　　　　　　图 1-84　题 1-25 作图过程

1.4.5 综合解题

【1-26】 如图 1-85 所示，过点 A 作一直线，并与已知直线 BC 和 DE 均相交。

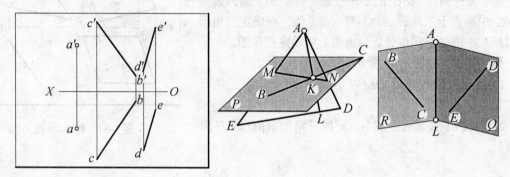

图 1-85 题 1-26 图   图 1-86 题 1-26 空间分析

■ *分析* 空间分析如图 1-86 所示。

本题属于单纯解决相对位置的作图问题类型的习题，这类题通常用轨迹法或逆推法分析求解。过点 A 与已知直线 BC 和直线 DE 相交的直线之轨迹分别是两个平面，所求直线必在两轨迹平面上，因此只要作出轨迹平面并求得交点或交线即为所求。

■ *作图*

方法 1 过点 A 作包含直线 CB 或直线 DE 的轨迹平面三角形 ABC 或轨迹平面三角形 ADE，由求与轨迹平面相交的交点而得解，如图 1-87 所示。

1. 连接三点 A、D、E 成平面三角形 ADE，包含直线 BC 作辅助平面 P，求得平面 P 和三角形 ADE 的交线 MN，直线 MN 与 BC 的交点即为点 K(见图(a))。

2. 连线 AK 并延长至直线 DE，交于点 L，得连线 AL(见图(b))。

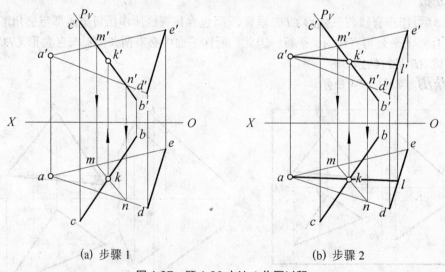

(a) 步骤 1   (b) 步骤 2

图 1-87 题 1-26 方法 1 作图过程

方法 2 过点 A 分别作包含直线 BC 的轨迹平面三角形 ABC 和包含直线 DE 的轨迹平面三角形 ADE，由求两个轨迹平面相交的交线而得解，如图 1-88 所示。

1. 作辅助水平面 P，求平面 P 与两轨迹平面三角形 ABC 和三角形 ADE 相交，求得三面的共点——其中的一个公共点(见图(a))。

2. 连接公共点与点 A，并将连线延长至 DE 交于点 L，得连线 AL(见图(b))。

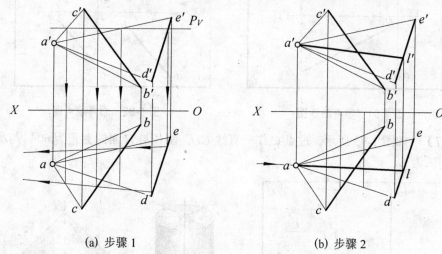

(a) 步骤 1　　　　　　　　　　(b) 步骤 2

图 1-88　题 1-26 方法 2 作图过程

■ **题后点评**

在思考过一点作一直线与另一直线相交时，所求直线实际上是在由已知点和已知直线所确定的平面上完成作图，这一直线和线外一点确定的平面即为一个满足条件的轨迹平面。

■ **举一反三思考题**

1. 如图 1-89 所示，作一直线，与三条直线 AB、CD、EF 均相交。

2. 如图 1-90 所示，过点 A 作一直线，与已知直线 BC 相交并与直线 BC 的夹角成 $60°$。

3. 如图 1-91 所示，过点 A 作一直线，使其与直线 BC 和投影轴 X 都相交。提示：该题可用多种方法求解，如作第三面投影后直接将点 A 与点 O 连接，求直线 BC 与由点 A 和 X 轴组成的平面的交点后作连线，求点 A 和直线 BC 所组成的平面的迹线在 X 轴上的交点后作连线等等。

4. 如图 1-92 所示，已知两直线 AB、CD，作直线 EF 与直线 CD、X 轴相交，并平行于直线 AB。

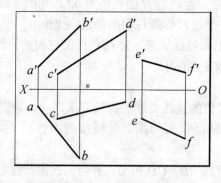　　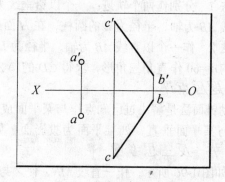

图 1-89　思考题 1 图　　　　　图 1-90　思考题 2 图

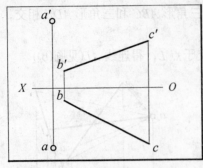
图 1-91 思考题 3 图

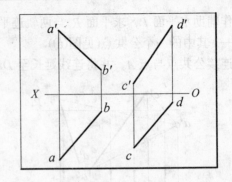
图 1-92 思考题 4 图

【1-27】 如图 1-93 所示，过点 C 作一直线 CD，使其与 H 面的夹角为 $60°$，与另一铅垂线 AB 的距离为 L。

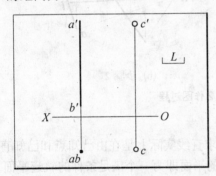
图 1-93 题 1-27 图

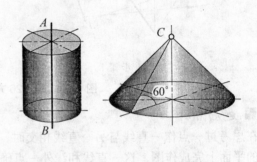
图 1-94 设计轨迹——圆柱和圆锥

■ *分析*

本题属于解决相对距离和夹角的作图问题类型的习题。所求直线的轨迹分别为过点 C 作的一个以铅垂线为轴、素线与 H 面的夹角为 $60°$ 倾角的正圆锥和以直线 AB 为轴、半径为 L 的圆柱，如图 1-94 所示。所求直线必为圆锥轨迹面上与圆柱轨迹面相切的两条素线。因此，只要作出两轨迹平面并求得圆锥上与圆柱面相切的素线即可；或作出圆柱面轨迹，运用直角三角形法求得结果。

■ *作图* 如图 1-95 所示。

方法 1 分别作两个轨迹：一个以铅垂线为轴、素线与 H 面夹角为 $60°$ 倾角的正圆锥，一个以直线 AB 为轴、半径为 L 的圆柱，在 H 面过锥顶 C 作圆柱面的切线(见图(a))。

方法 2 作一个以直线 AB 为轴、半径为 L 的圆柱面轨迹，过点 C 作圆柱面的切线得 cd，由该线的 $\alpha=60°$ 作直角三角形，求得 CD 的 ΔZ_{cd}(见图(b))。

■ *题后点评*

辅助锥面法是解决过已知点作与某平面成定角的直线类题的有效方法之一。辅助锥面的轴线应与某平面垂直，如某平面为投影面，则辅助锥面为横放或竖放的圆锥。

■ *举一反三思考题*

1. 如图 1-96 所示，作一直线 MN，使之与直线 AB、CD 相交，并与三投影面成等倾角。提示：直线 MN 与正方体的对角线平行。

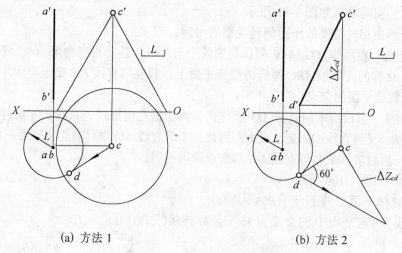

(a) 方法1　　　　　　　　　　(b) 方法2

图 1-95　题 1-27 作图过程

2. 如图 1-97 所示，正方形 ABCD 与 H 面成 30°角，边 AD 在已知水平线 AE 上，顶点 B 到已知两点 M、N 的距离相等，画出正方形 ABCD 的二面投影(注：m、n 到 OX 轴的距离相等)。提示：本题的关键是确定点 B。确定点 B 可采用两种方法：① 过点 A 作平面 ABCD 对 H 面的最大斜度线，后求该线与两点 M、N 的中垂面的交点；② 过点 A 作一个竖放的正圆锥，在圆锥面上取平面 ABCD 对 H 面的最大斜度线后，求该线与两点 M、N 的中垂面的交点。

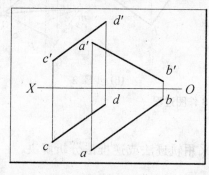

图 1-96　思考题 1 图

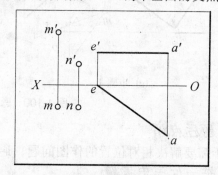

图 1-97　思考题 2 图

【1-28】　如图 1-98 所示，过点 M 作直线 MN 平行于平面三角形 ABC，且与直线 DE 交于点 N。

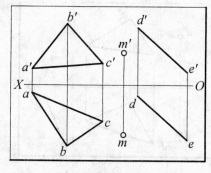

图 1-98　题 1-28 图

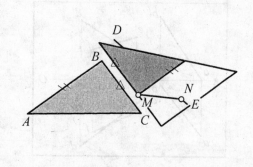

图 1-99　题 1-28 空间分析

■ *分析*　空间分析如图 1-99 所示。

本题属于解决相对位置的作图问题类型的习题。

1. 用轨迹法。在所作直线 MN 需满足的两个条件中，若要与三角形 ABC 平行，则直线 MN 在与过点 M 作的三角形 ABC 平行的轨迹平面上。若要与直线 DE 交于点 N，则交点 N 必为直线 DE 与轨迹平面的交点。

2. 用逆推法。假设所求的直线 MN 已作出，则根据几何原理，直线 MN 必过点 M，且既平行三角形 ABC 又与直线 DE 交于点 N。因此，要求直线 MN，只要先将平面三角形 ABC 平移到点 M 处，然后求该平面与直线 DE 的交点即可得解。

■ *作图*　如图 1-100 所示。

1. 过点 M 作平面 P 平行于 ABC（见图(a)）。
2. 求直线 DE 与平面 P 的交点 N 并与点 M 连接（见图(b)）。

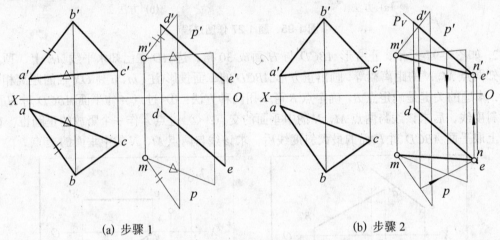

图 1-100　题 1-28 作图过程

■ *题后点评*

对于需要解决相对位置的作图问题，通常采用轨迹法或逆推法分析解决。

■ *举一反三思考题*

1. 如图 1-101 所示，作一直线，与直线 AB、CD 相交，与直线 EF 平行。
2. 如图 1-102 所示，求三角形 DEF。边线 DE 与三角形 ABC 和铅垂面平行，点 E 在 H 面上，边线 DF 为一条水平线且与 V 面成 $30°$ 倾角，点 F 在三角形 ABC 平面内。

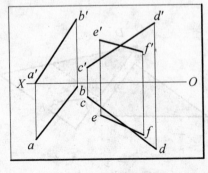

图 1-101　思考题 1 图

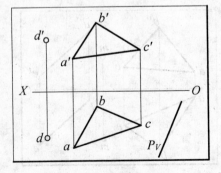

图 1-102　思考题 2 图

【1-29】 如图 1-103 所示,已知矩形 ABCD 两边线 AB、BC 的部分投影,完成矩形 ABCD 的两投影。

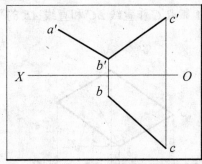
图 1-103 题 1-29 图

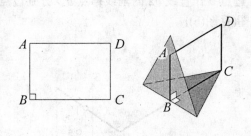
图 1-104 题 1-29 空间分析

■ *分析* 空间分析如图 1-104 所示。

1. 本题属于解决两线之间定夹角和相对位置的作图问题类型的习题,需用线与线、线与面、面与面相对位置的概念和基本作图方法来求解。该类题大部分是以完成矩形、直角三角形、等腰三角形、菱形的形式出现的。因此,求解这类题要充分利用这些特殊平面图形上的垂直关系或平行关系,从而得知本题矩形的几何关系与两平面的空间状态。

2. 因为 AB⊥BC,所以两直线均在互为垂直的轨迹平面上。

3. 因为 AB∥DC、AD∥BC,所以可利用它们的平行关系作出矩形各对边的投影。

■ *解题思路*

1. 作出与直线 BC 垂直的轨迹平面,并在该轨迹平面上取线得矩形边线 AB 的 H 面投影后,再利用矩形各对边平行关系完成作图。

2. 由与直线 AB 垂直的轨迹平面与直线 BC 的从属关系,作出该轨迹平面,再根据平面上的水平线与直线 AB 的垂直关系,作出矩形边线 AB 的 H 面投影,完成作图。

■ *作图*

方法 1 如图 1-105 所示。

1. 过点 B 作直线 BC 的垂面,在该垂面上取直线 AB(见图(a))。

2. 分别过点 A 和点 C 作直线 BC 和直线 AB 的平行线,完成作图(见图(b))。

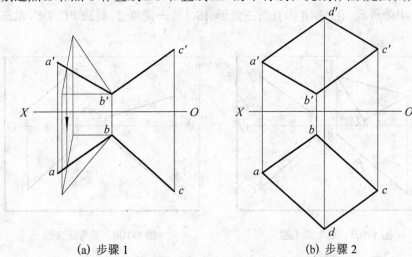

(a) 步骤 1　　　　　　　　　(b) 步骤 2

图 1-105 题 1-29 方法 1 作图过程

方法2 如图 1-106 所示。

1. 过点 B 作直线 AB 的垂面 BⅡⅢ，由连线ⅢⅠ得 BⅡ的 H 面投影 $b2$(见图(a))。

2. 过点 b 作直线 $b2$ 的垂线得点 a，分别过点 A 和点 C 作直线 BC 和直线 AB 的平行线，完成作图(见图(b))。

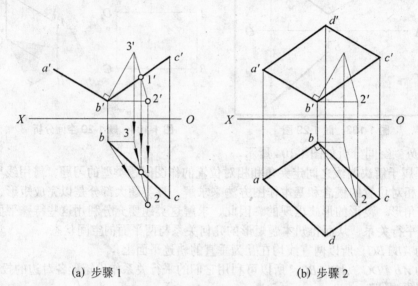

(a) 步骤1　　　　　　　　　　(b) 步骤2

图 1-106　题 1-29 方法 2 作图过程

■ 题后点评

1. 两相互垂直的直线(相交、交叉)运用的轨迹为与其中一直线垂直的平面。

2. 在作与已知两投影的直线垂直的轨迹平面时，该轨迹平面可按直角投影直接作出；在作与所缺投影的直线垂直的轨迹平面时，该轨迹平面则要间接作出。

■ 举一反三思考题

1. 如图 1-107 所示，已知矩形 $ABCD$ 边线 BC 的两投影，另一边线平行于三角形 EFG，完成矩形 $ABCD$ 的两投影。

2. 如图 1-108 所示，直线 AB 为直角三角形 ABC 的一直角边，斜边 $BC//DE$，求三角形 ABC 的投影。

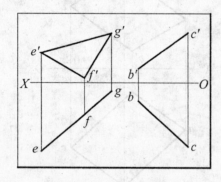 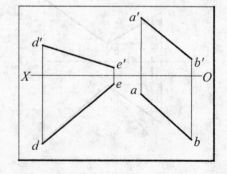

图 1-107　思考题 1 图　　　　　图 1-108　思考题 2 图

【1-30】 如图 1-109 所示，求点 M 到平面 ABC 的距离。

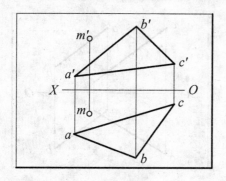 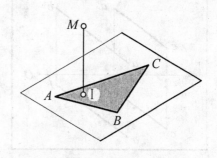

图 1-109　题 1-30 图　　　　图 1-110　题 1-30 空间分析

■ **分析**

本题属于解决定距的作图问题类型的习题,在作图过程中涉及相对位置和度量。相关几何元素间(点线、点面、线线、线面、面面间)定距的作图问题都可转化为两点之间距离的的问题来求解。在解决定距类问题时,一般可间接作图,如过一点作出与已知几何元素(直线、平面)垂直或平行且定距离的轨迹平面,然后通过几何元素与轨迹平面相交求出另一个端点。

■ **作图**　如图 1-111 所示。

1. 过点 M 作平面 ABC 的垂线(见图(a))。
2. 求垂线与平面的交点 I(见图(b))。
3. 用直角三角形法求出 MI 的实长(见图(c))。

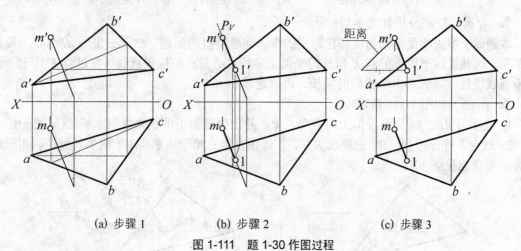

(a) 步骤 1　　　　(b) 步骤 2　　　　(c) 步骤 3

图 1-111　题 1-30 作图过程

■ **题后点评**

除了求两点间的距离外,其余单纯求解几何元素间距离之类的问题,都可由先思考求一点到一平面间的距离作出定距离的平面轨迹后,再归结为求两点间距离进行求解。

■ **举一反三思考题**

1. 如图 1-112 所示,试用多种方法求平行两直线间的距离。
2. 如图 1-113 所示,试用多种方法求交叉两直线间的距离。

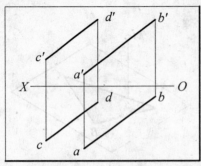

图 1-112 思考题 1 图

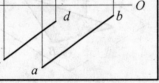

图 1-113 思考题 2 图

【1-31】 如图 1-114 所示,过平面三角形 ABC 上点 K 作三角形 ABC 的垂线 KL,KL 长为 M。

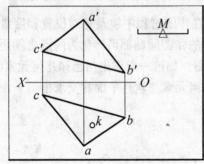

图 1-114 题 1-31 图

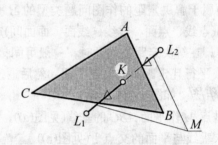

图 1-115 题 1-31 空间分析

■ **分析** 空间分析如图 1-115 所示。

本题属于解决线面之间角度和定距离的作图问题类型的习题。由于三角形 ABC 是一般位置平面,因此过该平面上的点 K 所作的平面之垂线也必是一般位置直线,在过点 K 作出平面的垂直线段后,需先求出该线段的实长,再确定端点 L。

■ **作图** 如图 1-116 所示。

1. 在平面 ABC 的 H 面投影上取点得点 k',并作出该面上的正平线与水平线(见图(a))。

2. 过点 K 作出平面 ABC 的垂线 KⅠ,在运用直角三角形法求得 KⅠ 的实长后,利用等比性确定端点 L(见图(b))。

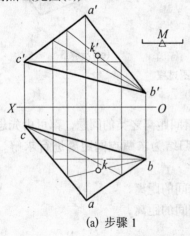

(a) 步骤 1

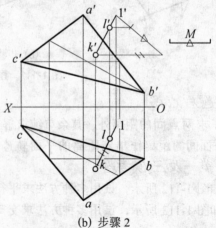

(b) 步骤 2

图 1-116 题 1-31 作图过程

■ 题后点评

1. 解决定距离类问题，除类似题 1-30 简单地求已知几何元素间的距离外，还有的要根据已知几何元素按要求的距离作出另一几何元素或几个几何元素所缺的投影，同样运用轨迹法分析进行求解。

2. 由于轨迹平面有位于已知平面两侧的两个平面，因此这类题一般都有两解。

■ 举一反三思考题

1. 如图 1-117 所示，已知点 K 到平面三角形 ABC 的距离为 M，完成点 K 的 H 面投影。

2. 如图 1-118 所示，在三角形 ABC 上求点 K，使 $DK+EK$ 最短。提示：作点 D 或点 E 相对平面三角形 ABC 的对称点。

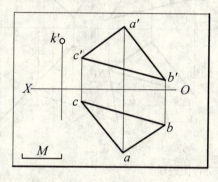

图 1-117 思考题 1 图

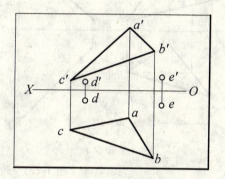

图 1-118 思考题 2 图

【1-32】 如图 1-119 所示，在直线 EF 上找一点 K，使点 K 与平面三角形 ABC 的距离为一定长 L。

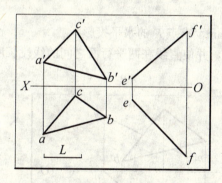

图 1-119 题 1-32 图

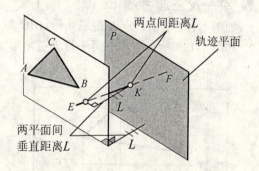

图 1-120 题 1-32 空间分析

■ 分析　空间分析如图 1-120 所示。

本题属于解决几何元素之间相互位置和定距离的作图问题类型的习题。点 K 与三角形 ABC 为一定距，其轨迹之一为与三角形 ABC 平行且为定距 L 的平面，而点 K 又要在直线 EF 上，所以另一轨迹直线 EF 是本身，两轨迹的交点即为所求。

■ 解题思路

1. 若能作出与平面三角形 ABC 平行且为定距的轨迹平面，就能由直线与轨迹平面的交点而得解。

2. 要作出该轨迹平面，应把两平面的距离化为两点的距离。

3. 与已知平面有关的两点间距离，为一条与平面垂直的直线。

■ *作图* 如图 1-121 所示。

1. 过三角形 ABC 上点的 B 作 BG 垂直于三角形 ABC，利用直角三角形法求线段 BG 的实长，并用分比法在其实长上取定长 L，作出端点 H 的投影(见图(a))。

2. 过端点 H 作三角形 ABC 的平行面——轨迹平面，求直线与轨迹平面的交点 K(见图(b))。

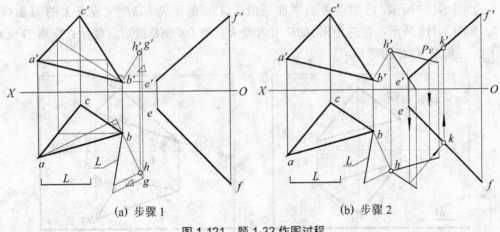

图 1-121 题 1-32 作图过程

■ *题后点评*

1. 与题 1-31 相比，本题虽给题方式不一样，但实质完全相同，请读者分析它们的异同。

2. 由于本题所作的轨迹平面有位于已知平面两侧的两个平面，因此这类题一般都有两解。

■ *举一反三思考题*

1. 如图 1-122 所示，点 K 距三角形 ABC 为 10 mm，求点 K 的水平投影。

2. 如图 1-123 所示，作平面平行于三角形 ABC，并使直线在两平行面之间的线段长度为 M。

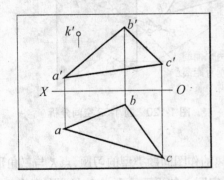

图 1-122 思考题 1 图

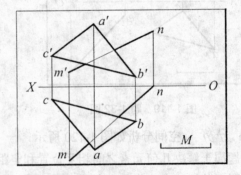

图 1-123 思考题 2 图

【1-33】 如图 1-123 所示，求作以直线 AB 为底边的等腰三角形 ABC 的 H 面投影。

■ *分析* 空间分析如图 1-125 所示。

本题属于解决几何元素之间角度和定距离的作图问题类型的习题。由初等几何基础知识可知，等腰三角形的高垂直平分底边。根据题 1-32 分析思路，$AB \perp DC$，故 DC 在过线段 AB 中点的垂面(简称中垂面)上。

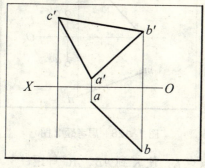

图 1-124　题 1-33 图

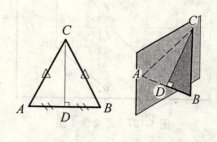

图 1-125　题 1-33 空间分析

■ *作图*　如图 1-126 所示。
1. 用分比法作出底边 AB 的中点 D，过中点 D 作底边 AB 的垂面(见图(a))。
2. 在底边 AB 的垂面上取线，作出 dc 后完成等腰三角形 ABC 的 H 面投影(见图(b))。

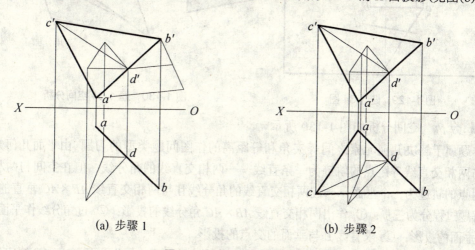

(a) 步骤 1　　　　　　　　　　　(b) 步骤 2

图 1-126　题 1-33 作图过程

■ *题后点评*
1. 作一线段中垂面的方法往往被用来解决等距离的轨迹问题。
2. 用相对位置概念解决线面、面面间的夹角问题，多数是解决两直线间的夹角问题，出现的形式常为完成矩形、直角三角形、等腰三角形、菱形的投影。求解这类题时，要充分利用这些特殊平面图形上的直角关系进行分析作图。

■ *举一反三思考题*
1. 如图 1-127 所示，已知等腰三角形 ABC 中 AB 为底边，顶点 C 在 EF 上，完成该三角形 ABC 的两投影。
2. 如图 1-128 所示，已知等腰直角三角形 ABC，其一直角边在 MN 上，完成该等腰三角形 ABC 的两投影。

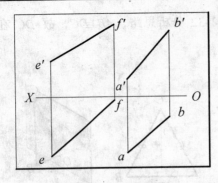
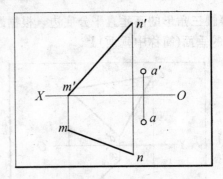

图 1-127 思考题 1 图 　　　　图 1-128 思考题 2 图

【1-34】 如图 1-129 所示，在直线 L 上取点 K，使 K 到 AB、AC 等距。

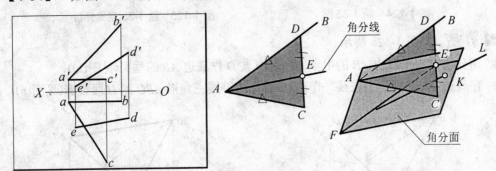

图 1-129 题 1-34 图　　　　图 1-130 题 1-34 空间分析

■ *分析*　空间分析如图 1-130 所示。

本题属于解决几何元素之间等夹角和等距离的作图问题类型的习题。由平面几何知识可知，与两相交直线等距点的轨迹为一条直线——两相交直线的角分线，但在空间与两相交直线等距点的轨迹为一个平面——过两相交直线的角分线且与两相交直线 AB×AC 垂直的平面。本题解题过程分为三步：① 作出两相交直线 AB×AC 角分线的投影；② 过角分线作平面 AB×AC 的垂面的投影；③ 求直线 L 与垂面的交点的投影。

作两相交直线 AB×AC 角分线的投影有两种作图方法：① 由求平面 AB×AC 的实形而作出角分线；② 分别在直线 AB、AC 上取等长线，由两端点连线的中点与两相交直线 AB×AC 的交点连接。

■ *作图*　如图 1-131 所示。

作图时可利用直线 AB、AC 均为投影面平行线的投影特点。

1. 取 $a'd'=ac$，得等腰三角形 ADC，取线段 DC 的中点 E 得角分线 AE（见图(a)）。
2. 过点 E 作三角形 AEF 垂直于三角形 ABC（见图(b)）。
3. 求得直线 L 与三角形 AEF 的交点 K（见图(c)）。

■ *题后点评*

1. 解决等距离一类的问题，所作的轨迹平面常有两点连线的中垂面、两平行直线或两平行平面间公垂线的中垂面等。

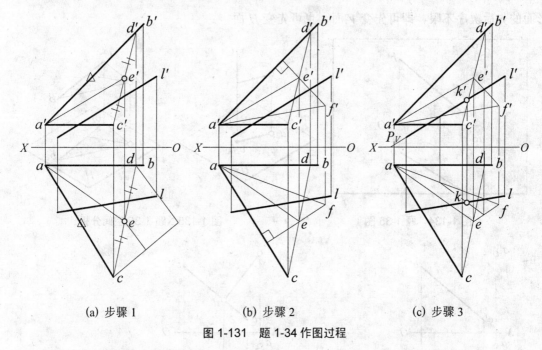

(a) 步骤1　　　　　(b) 步骤2　　　　　(c) 步骤3

图 1-131　题 1-34 作图过程

2. 请读者分析对比，运用平面几何、空间几何、画法几何的知识思考问题的环境、作图的特点的异同。

■ 举一反三思考题

1. 如图 1-132 所示，在直线 EF 上取点 K，使点 K 与 AB、CD 等距。
2. 如图 1-133 所示，已知直线 AB 的两投影，在 OX 轴上求点 C，使其与 A、B 两点等距。

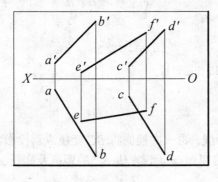

图 1-132　思考题 1 图

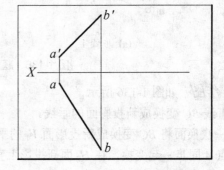

图 1-133　思考题 2 图

1.4.6　投影变换

【1-35】 如图 1-134 所示，求作点 A 到直线 BC 的距离。

■ 分析　空间分析如图 1-135 所示。

1. 确定变换目的。当将直线 BC 变换成新投影面的垂线或将点 A 与直线 BC 的所决定的平面变换成新投影面的平行面时，在新投影面上可直接反映点 A 到直线 BC 的距离及实长。

2. 确定变化次数及次序。将直线 BC 变换成新投影面的垂线，将点 A 与直线 BC 的所决定的平面变换成新投影面的平行面需两次换面。由于题目要求及已知条件与投影无关，变换投影面的先后次序不限，即可先变 V 面，也可先变 H 面。

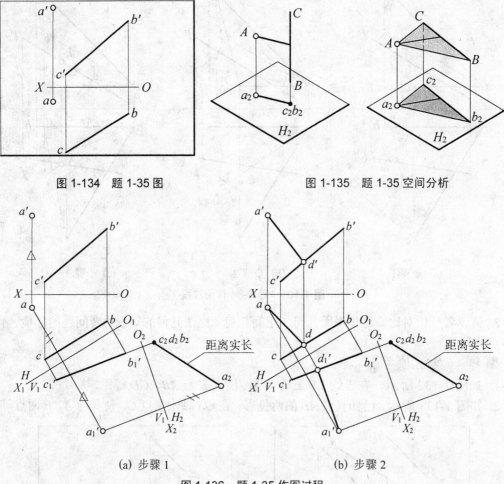

图 1-134 题 1-35 图　　图 1-135 题 1-35 空间分析

(a) 步骤 1　　(b) 步骤 2

图 1-136 题 1-35 作图过程

■ *作图* 如图 1-136 所示。

将直线 BC 变换成新投影面的垂线。

1. 一次换面将 BC 变换成新投影面 V_1 的平行线，再一次换面将 BC 变换成新投影面 H_2 的垂线，点 A 同步一起变换。在 H_2 面新投影上直接得到点 A 到直线 BC 的距离及实长 AD（见图(a)）。

2. 将作图结果从新投影返回 V、H 两面投影投影体系，作出 ad、$a'd'$（见图(b)）。

将点 A 与直线 BC 的所决定的平面变换成新投影面的平行面的作图步骤省略。

■ *题后点评*

本题属于根据已知几何元素的各投影，解决几何元素之间的度量问题类型的习题。类似问题还有根据已知几何元素的各投影，解决几何元素之间或几何元素与投影面之间的公有问题或定位问题。度量问题包括求几何元素之间的距离、几何元素的实长或实形，公有问题包括求几何元素之间的交点或交线，定位问题包括求几何元素之间或几何元素与投影面之间的夹角。解决这类问题可直接应用换面法的六个基本作图将相关几何元素换成具有积聚投影或有利于解题的位置后求解,不需用轨迹法或其他方法。

■ *举一反三思考题*

1. 如图 1-137 所示,求直线 AB 与直线 BC 的夹角 θ。
2. 如图 1-138 所示,求直线 AB 与平面三角形 CDE 的交点 K,并判断直线的可见性。

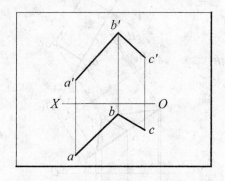

图 1-137 思考题 1 图

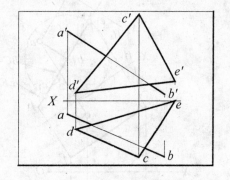

图 1-138 思考题 2 图

【1-36】 如图 1-139 所示,已知等腰直角三角形 ABC 的一条直角边 BC 在直线 EF 上,∠B 是直角,求三角形 ABC 的两面投影。

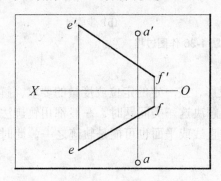

图 1-139 题 1-36 图

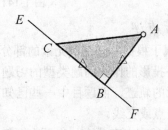

图 1-140 题 1-36 空间分析

■ *分析* 空间分析如图 1-140 所示。

1. 确定变换目的。所作直角三角形的一条直角边线 AB 所在的轨迹为过点 A 且与直线 EF 垂直的平面,另外一条直角边 BC 的轨迹为直线 EF。由直三角形两直角边 AB⊥BC(EF)的几何条件可知,若将直线 EF 变换成新投影面的平行线,则可以利用直角定理,直接过点 A 的新投影作 EF 新投影的垂线求得的垂足即为点 B。

2. 确定变化次数及次序。将直线 EF 变换成新投影面的平行线只需一次换面,而若利用等腰直角三角形 ABC 的其中一个直角边 AB 的实长,则要二次换面将 EF 变换成新投影面的垂线。由于题目要求及已知条件与投影无关,变换投影面的先后次序不限。

■ *作图* 如图 1-141 所示。

1. 一次换面将直线 EF 变换成新投影面 H_1 的平行线,过点 A 作直线 EF 的垂线得垂足 B(见图(a))。
2. 二次换面将直线 EF 变换成新投影面 V_2 的垂线,得直线 AB 的实长(见图(a))。
3. 因 BC=AB,在点 B 的两边各取一个点 C(见图(a))。

4. 返回 V、H 两面投影投影体系，完成三角形 ABC 的两投影(见图(b))。

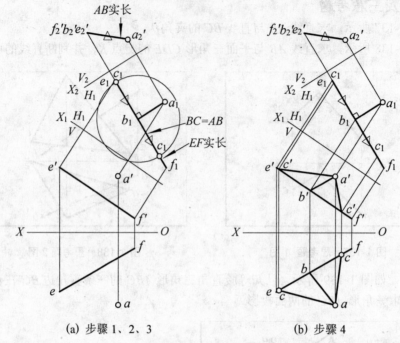

(a) 步骤 1、2、3   (b) 步骤 4

图 1-141　题 1-36 作图过程

■ 题后点评

1. 本题属于根据已知几何元素的部分投影，按一定的定位或度量的要求，解决另一部分几何元素的各投影的作图问题类型的习题。解决这一类问题时，一般都用轨迹法分析，且都要作两个以上的轨迹，而题目中一些已知的直线或平面也可能是轨迹之一，此时只需直接求与其相交的交点或交线。

2. 与轨迹的交点有两个，本题有两解。

■ 举一反三思考题

1. 如图 1-142 所示，已知直角三角形 ABC 的直角边 AB、斜边 BC 与直线 MN 平行，补全三角形 ABC 的投影。

2. 如图 1-143 所示，以 AB 为斜边作一直角三角形 ABC，使其一条直角边 AC 与直线 MN 垂直相交。

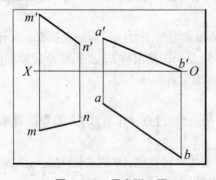　　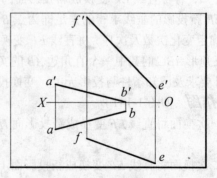

图 1-142　思考题 1 图　　　　　图 1-143　思考题 2 图

【1-37】 如图 1-144 所示，在直线 MN 上找与点 A、点 B 等距的点 K。

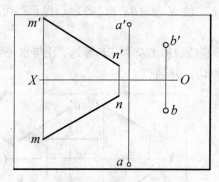

图 1-144　题 1-37 图

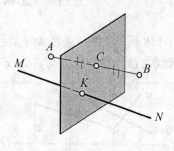

图 1-145　题 1-37 空间分析

■ *分析*　空间分析如图 1-145 所示。

1. 确定变换目的。所求点的轨迹之一是 A、B 两点连线的中垂面，另一个轨迹为直线 MN 本身，所求的点 K 是直线 MN 与直线 AB 连线的中垂面的交点。

2. 确定变化次数及次序。为反映线面间的垂直关系，需将直线 AB 通过一次换面换成新投影面的平行线。由于题目要求及已知条件与投影无关，变换投影面的先后次序不限。

■ *作图*　如图 1-146 所示。

1. 一次换面将一般位置直线 AB 变换成新投影面 H_1 的平行线，在 H_1 面上过点 a_1、b_1 的连线的中点 c_1 作该线的垂面（积聚投影），与同步换面的直线 m_1n_1 相交于 k_1（见图(a)）。

2. 将作图结果从新投影返回 V、H 两面投影体系，完成投影（见图(b)）。

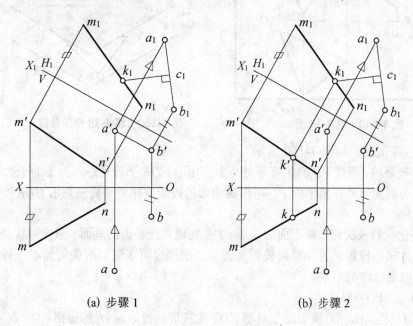

(a) 步骤 1　　　　　　　　　　(b) 步骤 2

图 1-146　题 1-37 作图过程

■ *题后点评*

将轨迹平面换成具有积聚性的投影后，可直接求得线面的交点。

■ 举一反三思考题

1. 如图 1-147 所示，在直线 MN 上取点 K，使 K 与 AB、BC 等距。提示：可参考题 1-34 空间分析。

2. 如图 1-148 所示，作一直线 MN 与已知直线 AB、CD 和 EF 等远，且与水平线 CD 平行。提示：以所求线为轴，作一柱面与 AB、EF 相切，并通过 CD。

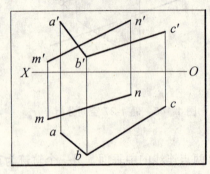

图 1-147 思考题 1 图

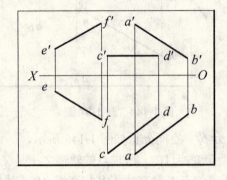

图 1-148 思考题 2 图

【1-38】 如图 1-149 所示，已知直线 AB 平行于平面三角形 CDE 且与它相距 L，求作 AB 的 H 面投影 ab。

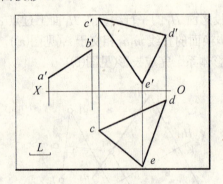

图 1-149 题 1-38 图

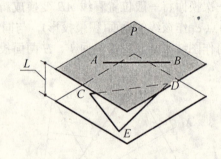

图 1-150 题 1-38 空间分析

■ **分析** 空间分析如图 1-150 所示。

1. 确定变换目的。直线 AB 的轨迹是与平面三角形 CDE 平行且距离为 L 的平面，直线 AB 在平面 P 上。为能简便地作出平面 P，可根据换面的投影规律将平面三角形 CDE 变成新投影面的垂面。

2. 确定变化次数及次序。将平面三角形 CDE 变成新投影面的垂面，只需一次换面。题目要求及已知条件虽与投影无关，变换投影面的先后次序也可不限。所换的面不一样，作图过程有所不同，但最后结果不变。

■ **作图** 如图 1-151 所示。

1. 换 H 面（见图(a)）。① 将平面三角形 CDE 变换成新投影面 H_1 的垂面；② 在 H_1 面上作与 $e_1c_1d_1$ 平行且相距为 L 的平面 p_1；③ 根据投影变换作图规律，在平面 p_1 上作出 a_1b_1；④ 根据点的新、旧投影间的投影对应规律，将作图结果返回 V、H 面投影体系，完成投影。

2. 换 V 面（见图(b)）。① 将平面三角形 CDE 变换成新投影面 V_1 的垂面；② 在 V_1 面上作

与 $e_1'c_1'b_1'$ 平行且相距为 L 的平面 p_1'；③ 根据点的新、旧投影间的投影对应规律，在平面 p_1' 上作出 $a_1'b_1'$；④ 将作图结果返回原投影体系，完成投影。

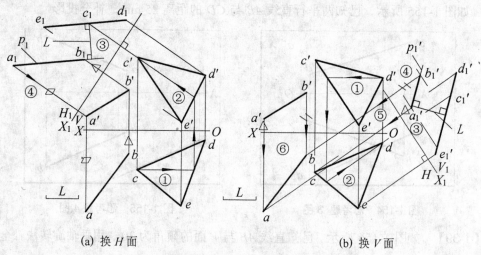

(a) 换 H 面   (b) 换 V 面

图 1-151   题 1-38 作图过程

■ **题后点评**

1. 本题属于在已知几何元素的部分投影的条件下，根据几何元素间的定位和度量的几何关系，解决几何元素所缺的投影的作图问题类型的习题。解决这一类问题时，一般用轨迹法分析。

2. 由于轨迹平面 P 可在已知平面 CDE 两侧各作一个，因此本题有两解。

3. 当先变换点或直线等所缺投影所在的投影面时(本题缺直线 AB 的 H 面投影)，只要作一个轨迹即可根据点的新、旧投影间的投影规律求得几何元素所缺的投影(见图 1-151(a))。而当先变换点或直线等已知投影所在的投影面时(本题已知直线 AB 的 V 面投影)，则只要作两个或两个以上的轨迹即可。一个轨迹与上述方法中所作的轨迹相同，另外的轨迹则要根据点或直线的端点所在的轨迹(直线或平面)求出它们的交点或交线后，再根据点的新、旧投影间的投影规律求得几何元素所缺的投影(见图 1-151(b))。

■ **举一反三思考题**

1. 如图 1-152 所示，已知点 D 到平面三角形 ABC 的距离为 20 mm，求作 d'。

2. 如图 1-153 所示，已知点 A 到直线 BC 的距离为 20 mm，求作 a。

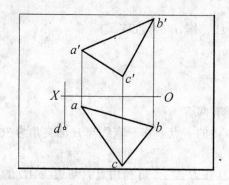 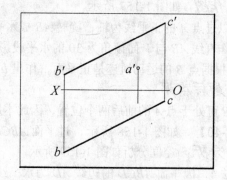

图 1-152   思考题 1 图   图 1-153   思考题 2 图

3. 如图 1-154 所示，已知两交叉直线 AB 与 CD 的公垂线 EF 的实长为 16 mm，补全 EF 及 AB 的投影。

4. 如图 1-155 所示，已知两平行直线 AB 与 CD 的距离 25 mm，补全投影。

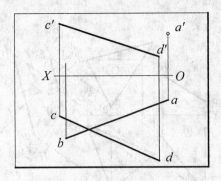

图 1-154　思考题 3 图

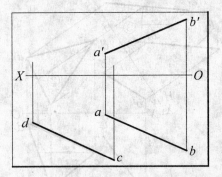

图 1-155　思考题 4 图

【1-39】　如图 1-156 所示，已知直线 AB 与 V 面的倾角为 30°，用垂轴旋转法补全投影。

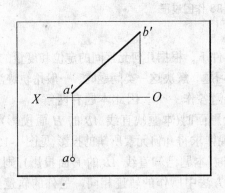

图 1-156　题 1-39 图

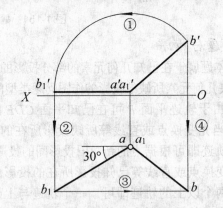

图 1-157　题 1-39 作图过程

■ *分析*

直线 AB 是一般位置直线，只有使直线 AB 绕正垂线为轴旋转到与 H 面平行时，才可反映实长并与 V 面成 30°倾角。

■ *作图*　如图 1-157 所示。

1. 以过点 A 的正垂线为轴，旋转 AB 成水平线，作 $a_1'b_1'$ ∥ OX。
2. 作直线 AB 与 V 面倾角为 30°的水平投影 a_1b_1。
3. 根据点 B 的运动轨迹是正平面，作出 b。

■ *题后点评*

点 B 可处于点 A 的前后两个位置，因此本题有两解。

【1-40】　如图 1-158 所示，过平面 ABCD 内的一点 P 作一直线与 H 面夹角为 30°。

■ *分析*　空间分析如图 1-159 所示。

方法 1　因平面 ABCD 的边线 AD 为水平线且在 H 面上，可利用点 P 与边线 AD 的高度差及所求直线与 H 面夹角为 30°所组成的直角三角形，运用直角三角形法求解。

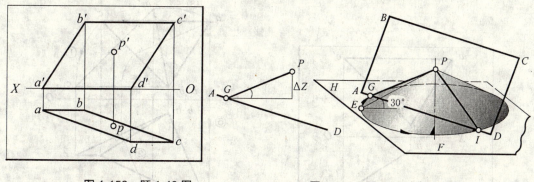

图 1-158 题 1-40 图　　　　图 1-159 题 1-40 空间分析

方法 2　1. 想象过点 P 作一个铅垂线为轴、素线与 H 面夹角为 $30°$ 的正圆锥，平面 $ABCD$ 与正圆锥的交线即为所求。

2. 求解过程可采用两种方法：① 求平面 $ABCD$ 与正圆锥的交线(先求平面 $ABCD$ 与正圆锥底圆的交线，再求与锥面的交线)；② 旋转法。

■ *作图*　运用旋转法作图如图 1-160 所示。

1. 过点 P 作一个以铅垂线 PF 为轴、素线 PE 与 H 面夹角为 $30°$ 倾角的正圆锥(见图(a))。

2. 将直线 PE 绕轴 PF 旋转至边线 AD 得交点 G 或 I。本题只作出一解——直线 PG(见图(b))。

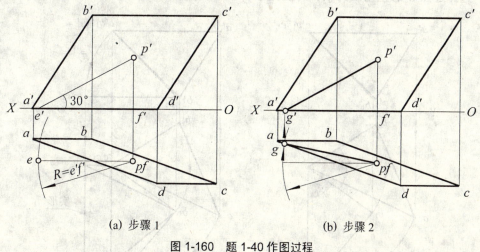

(a) 步骤 1　　　　(b) 步骤 2

图 1-160 题 1-40 作图过程

【1-41】　如图 1-161 所示，用垂轴旋转法求以 BC 为底边的等腰三角形 ABC 的实形。

■ *分析*

本题分两步进行：第一步，确定平面的两投影；第二步，求等腰三角形 ABC 的实形。

1. 当 BC 是投影面的平行线时，该投影面上的投影反映底边 BC 与底边上高的垂直关系。若求出三角形 ABC 的高，即可由得到三角形 ABC 的两投影。

2. 直线 AB 是一般位置直线，可通过一次旋转成投影面平行线；三角形 ABC 是一般位置平面，可通过两次旋转成投影面平行面。

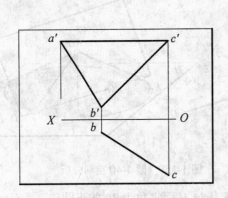

图 1-161 题 1-41 图

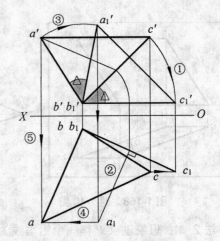

图 1-162 题 1-41 作图过程(步骤 1)

■ **作图**

1. 选择过点 B 的正垂线为轴,将直线 BC 旋转成水平线,过 b_1c_1 的中点作该线的垂线。点 A 在同步旋转时,作 BC 的垂线,求出 A 的水平投影(见图 1-162)。

2. 选择过点 C 的铅垂线为轴,将直线 AC 旋转成正垂线,点 B 同步旋转,将三角形 ABC 旋转成正垂面(见图 1-163(a))。

3. 选择过点 B 的正垂线为轴,将三角形 ABC 旋转成水平面(见图 1-163(b))。

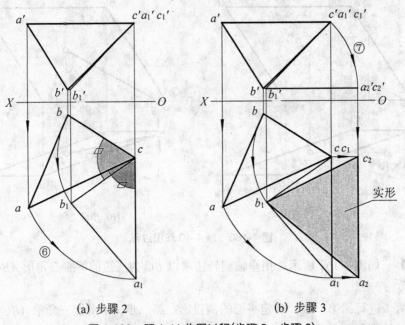

(a) 步骤 2 　　　　(b) 步骤 3

图 1-163 题 1-41 作图过程(步骤 2、步骤 3)

【1-42】 如图 1-164 所示,用垂轴旋转法在平面三角形 ABC 上找一条直线 AD,与 H 面成 $30°$ 角。

■ **分析** 空间分析如图 1-165 所示。

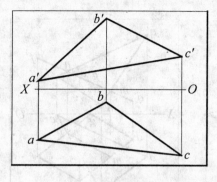
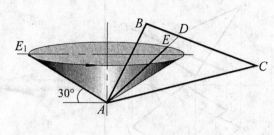

图 1-164　题 1-42 图　　　　图 1-165　题 1-42 空间分析

1. 在直线 AD 上任选一点 E，设过平面三角形 ABC 上点 A 作与 H 面成 $30°$ 角的直线 AE，将该一般位置直线 AE 以点 A 的铅垂线为轴旋转形成一倒圆锥，当直线 AE 绕铅垂轴旋转到正平线的位置时，新投影 ae_1 反映与 H 面成 $30°$ 的倾角。

2. 根据点 E 是倒圆锥的顶面圆——水平面边线上一点，可通过求该平面与三角形 ABC 的交线 AE，延长直线 AE 交直线 BC 于点 D，求得直线 AD。

■ **作图**　如图 1-166 所示。

1. 过点 A 任作一条与 H 面成 $30°$ 角的正平线 AE（见图(a)）。

2. 根据旋转规律作出直线 AE 运动轨迹的两面投影，求倒圆锥的顶面——水平面与三角形 ABC 的交点 E，延长直线 AE 交直线 BC 于点 D（见图(b)）。

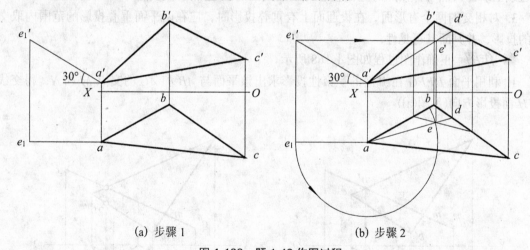

(a) 步骤 1　　　　　(b) 步骤 2

图 1-166　题 1-42 作图过程

1.5　常见错误剖析

【1-43】　如图 1-167 所示，求两平面的交线 MN，并判断其可见性。

■ **分析**

1. 由已知条件可知，本题的一般位置平面 ABC 和正垂面 $DEFG$ 相交。

2. 由于正垂面 $DEFG$ 在 V 面具有积聚性投影，因此可以由积聚性的 V 面投影开始作图。根据面上取线、线上取点的规则作出交线的其他投影。

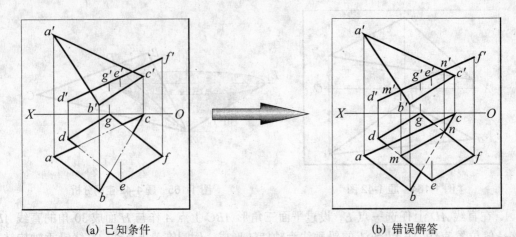

(a) 已知条件　　　　　　　　　(b) 错误解答

图 1-167　题 1-43 常见错误剖析

3. 本题错解的原因为：① 对两平面相交时交线的几何意义理解不清；② 混淆重影点和交点的含义；③ 对面上取线、线上取点的从属关系概念理解不清。

■ *解题思路*

1. 利用正垂面 DEFG 在 V 面的积聚性投影，可直接获得交线的 V 面投影。

2. 利用面上取线、线上取点的作图规则，将交线的 H 面投影作出(注意：在平面 ABC 的两边线上取公共点时，该点的 V 面投影为三条线上的三个点的重影点)。

3. 对相交的两个有形面，在投迎面上有重叠投影时，应在两平面重叠投影的范围内取交线的投影，并判断其可见性。

■ *作图*　正确作图过程如图 1-168 所示。

1. 利用平面 DEFG 在 V 面的积聚性投影求出该平面与 AB 和 AC 的交点 M 和 N，得交线的 H 面投影方向(见图(a))。

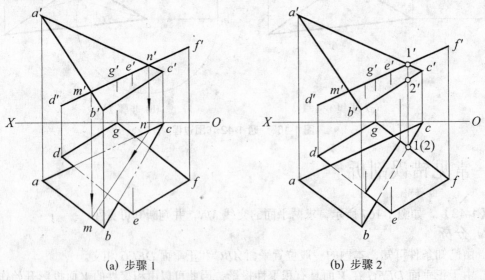

(a) 步骤 1　　　　　　　　　(b) 步骤 2

图 1-168　题 1-43 正确作图过程

2. 在两平面的重叠部分取交线的投影。在 H 面任取一对重影点辨别其上下位置，判断两平面在 H 面投影的可见性(见图(b))。

【1-44】 如图 1-169 所示，求过点 M、长度为 L 的侧平线 MN，并使其与直线 AB 相交。

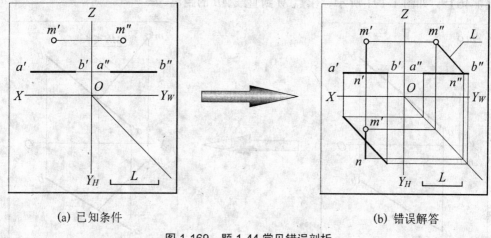

图 1-169 题 1-44 常见错误剖析

■ 分析

1. 由已知条件可知，要作的直线 MN 是侧平线，且与 AB 相交。
2. 在平面几何中，两直线相交，其交点可直观看出。但在画法几何投影图中，两个直线的投影相交并不一定表示其空间也相交，而其交点可能是两直线的重影点。两直线交点的投影不仅应符合点的投影规律，还要符合点在直线上的从属性和定比性。
3. 本题错解的原因为：对两条直线相交时交点的几何意义理解不清，错误地认为只要在三个投影图中两直线的投影都相交，则在空间也一定相交。

■ 解题思路

1. 根据侧平线的投影特性求得交点的 V 面或 H 面投影。
2. 根据投影对应规律及线上取点的作图规则，作出交点的 W 面投影。
3. 根据侧平线 W 面投影具有真实性的特征，作出长度为 L 的侧平线 MN。

■ 作图 正确作图过程如图 1-170 所示。

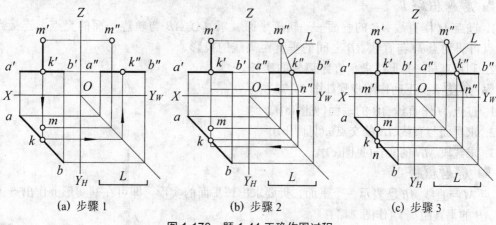

图 1-170 题 1-44 正确作图过程

1. 求出直线 AB、点 M 的水平投影 ab、m 及其交点 k(见图(a))。
2. 延长 m″k″，量取长 L，得 n″(见图(b))。
3. 完成作图(见图(c))。

【1-45】 如图 1-171 所示，求点 M 到直线 AB 的距离。

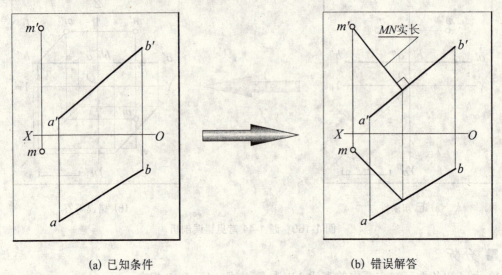

(a) 已知条件　　　　　　　　　(b) 错误解答

图 1-171　题 1-45 常见错误剖析

■ 分析

1. 由已知条件可知，点 M 为一般位置直线 AB 外一点，点到直线的距离为垂直距离。

2. 在平面几何中，在二维图上处理这类平面问题时，可直接过点 M 作直线 AB 的垂线而求得距离，但在画法几何中，在几个有关联的二维图上处理这类问题却是空间的问题，与一般线垂直的直线也是一般线，在投影图上不能直接反映它们的垂直关系。

3. 在空间，过点 M 作直线 AB 的垂直线有无数条，它们形成一个轨迹平面，但垂直相交的只有唯一的一条。

4. 本题错解的原因为：① 用已习惯了的低维思考方式在平面上处理空间问题；② 对直角投影定理的原理理解不够清楚。

■ 解题思路 1

1. 过点 M 作直线 AB 的垂面——轨迹平面，求直线 AB 与轨迹平面的交点，连接点 M 与交点可得到点 M 与直线 AB 之间的垂直距离线的投影。
2. 利用直角三角形法求垂直距离线的实长。

■ 作图 1　正确作图步骤如图 1-172 所示。

1. 过点 M 作直线 AB 的垂面(见图(a))。
2. 求垂面与直线 AB 的交点 n(见图(b))。
3. 求线段 MN 的实长(见图(c))。

■ 解题思路 2

点 M 与直线 AB 已表示一个平面，只要求出该平面的实形，即可在其实形上作出点 M 到直线 AB 的垂直距离。(作图 2 略)

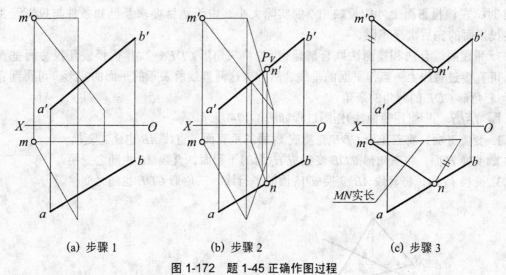

(a) 步骤1　　　(b) 步骤2　　　(c) 步骤3

图 1-172　题 1-45 正确作图过程

【1-46】 如图 1-173 所示，求直线 AB 与三角形 CDE 的夹角 θ。

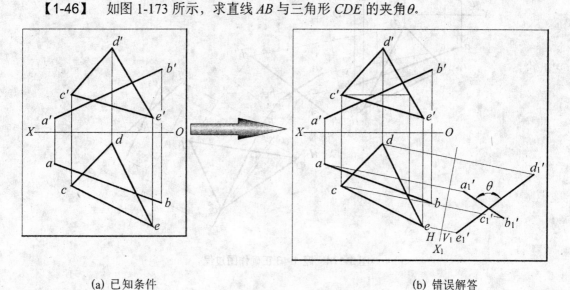

(a) 已知条件　　　　　　　　　　(b) 错误解答

图 1-173　题 1-46 常见错误剖析

■ 分析

1. 直线与平面的倾角是该直线与其在该平面上正投影之间的锐角。只有把组成倾角的两直线所构成的平面实形表现出来，才能反映出该角的真实大小。

2. 此类题可通过线面综合法、换面法两种方法求解，本题采用换面法。

3. 本题错解的原因为：经一次换面后，反映倾角的平面并不平行于新投影面，故角 θ 不是直线 AB 与三角形 CDE 的倾角。

■ 解题思路

1. 若用线面综合法解题，可过直线上一点作平面的垂线，然后求这两直线所表示的平面的实形，可得到直线 AB 与三角形 CDE 的倾角的余角。

2. 若用换面法解题，可通过三次换面，将新投影面既平行于直线 AB 又垂直于三角形

CDE 时,在该投影面上才能反映出 θ 的实际大小。由于题目要求及已知条件与投影无关,变换投影面的先后次序不限。

3. 用线面综合法和换面法联合解题,可先将三角形 CDE 一次换面换成新投影面垂直面后,可直接过直线上一点作平面的垂线,然后求这两直线所表示的平面的实形,可得到直线 AB 与三角形 CDE 的倾角的余角。

■ **作图**　正确(用换面法)作图过程如图 1-174 所示。

1. 变换 V 面,将三角形 CDE 变换成 V_1 面的垂直面,直线 AB 也随之变换。
2. 变换 H 面,将三角形 CDE 变换成 H_2 面的平行面,直线 AB 也随之变换。
3. 变换 V_1 面,将直线 AB 变换成 V_3 面的平行线,三角形 CDE 也随之变换。

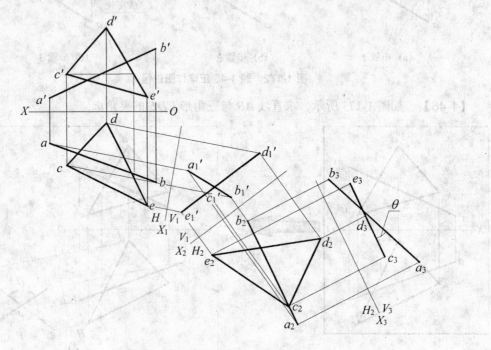

图 1-174　题 1-46 正确作图过程

2 基本体与截交线和相贯线

2.1 学习目的

掌握绘制各专业工程图样必需的分析方法和基本技能,在以形体作为形象信息的认识事物和描述事物的过程中,通过对被加工改造(切割、挖洞、相交等)而形成的工程形体雏形进行研究、分析,将它们绘制成图并进行阅读,由此提高读者对形象敏锐精细的感受能力,为下一阶段组合体图形的阅读和绘制的训练奠定基础。

2.2 图学知识提要

2.2.1 平面立体

平面立体由若干平面多边形围成,立体的各条棱线就是相邻表面的交线,立体的各个顶点就是相交棱线的交点。因此,绘制平面立体的投影,可归结为绘制它的所有多边形表面的投影,也就是绘制这些多边形的边和顶点的投影,即用降维法来思考和处理问题。多边形的边是平面立体的轮廓线。当轮廓线的投影为可见时画成粗实线;当轮廓线为不可见时画成虚线;当粗实线与虚线重合时,只画粗实线。

2.2.2 平面立体表面上的点和直线

在平面立体表面上取点和直线,其原理和方法与在平面上取点和直线的原理和方法相同。但应正确判断平面立体表面上的点和直线的可见性,位于可见棱面上的点和直线是可见的,而位于不可见棱面上的点和直线是不可见的。

1. 求平面立体表面上的点和直线的作图步骤

(1) 分析点和直线位于立体的哪一个平面上。

(2) 找出该点和直线的其他投影,可根据平面上取点和直线的方法求得。若所属面的投影有积聚性,则先在积聚的投影上求;若所属面的投影无积聚性,则过点在平面内作辅助直线求。

(3) 由点、直线的两面投影,求出第三投影。

(4) 分析所求点和直线的投影的可见性。

2. 平面立体表面上的点和直线的求作方法

(1) 积聚性法 积聚性法的实质是利用立体棱面的积聚性投影作图。当点和直线所在棱面是特殊位置平面时，可用此种方法作图。

(2) 辅助直线法　当点和直线所在表面是一般位置平面时，三面投影都无积聚性，故必须在平面内过点(或直线端点)作辅助直线确定该点的投影。此辅助直线是过点且位于点所在棱面上的任何直线。

2.2.3　曲面立体及表面上的点和线

常见的曲面立体有圆柱体、圆锥体、球体、圆环体等，它们的表面是光滑曲面，不像平面体那样有明显的棱线。所以在画图(降维)和看图(升维)时，要抓住曲面的特殊本质，即曲面的形成规律和曲面轮廓的投影。

(1) 圆柱体是由圆柱面与平面围成的实体，投影图形是两个相同的矩形和一个圆形。圆柱面上的点和线(由一系列的点构成)在圆柱面的素线上，必须利用圆柱面的积聚性投影作图。

(2) 圆锥体是由圆锥面与平面围成的实体，投影图形是两个相同的等腰三角形和一个圆形。圆锥面上的点和线(由一系列的点构成)在圆锥面的素线和纬圆上，圆锥面没有积聚性投影，必须利用圆锥面的素线或纬圆作图。

(3) 圆球体是由圆球面围成的实体，投影图形是三个等直径的圆形。圆球面上的点和线(由一系列的点构成)在圆球面的纬圆上，圆球面没有积聚性投影，必须利用圆球面的纬圆作图。

(4) 圆环体是圆环面围成的实体，投影图形是两个相同的由圆弧与直线构成的图形和一个圆形。圆环面上的点和线(由一系列的点构成)在圆环面的纬线圆上，圆环面没有积聚性投影，必须利用圆环面的纬线圆作图。

2.2.4　平面及直线与平面立体相交

平面与立体相交，可以设想为平面截割立体，用来截割立体的平面称为截平面。截平面与立体表面的交线称为截交线。截交线围成的平面图形称为断面，俗称切口。

1. 平面与平面立体相交

平面截割平面立体所得的截交线，是一个封闭的平面多边形，为截平面和立体表面所共有。多边形的顶点是平面立体的棱线或底边与截平面的交点，多边形的边是平面立体的棱面与截平面的交线。

求平面与平面立体的截交线有两种方法：

(1) 交点法　作出平面立体的棱线与截平面的交点，并依次连接各点。

(2) 交线法　求出平面立体的棱面与截平面的交线。

在投影图上作出截交线后，还应注意可见性问题。截交线的可见部分应画成粗实线，不可见部分应画成虚线。

2. 直线与平面立体相交

直线与立体表面相交产生的交点，称为贯穿点。贯穿点是直线与立体表面的共有点，贯穿点必成对出现(一进、一出)。求贯穿点实质上是求线面交点。

求贯穿点投影的方法有三种：

◆ 利用立体表面的积聚性投影求贯穿点；
◆ 利用直线的积聚性投影求贯穿点；
◆ 用辅助平面求贯穿点。

立体的棱面与直线的投影都没有积聚性投影时，要借助于辅助平面求作贯穿点。

2.2.5 平面及直线与曲面立体相交

1. 平面与曲面立体相交

平面与曲面立体相交所得的截交线，一般情况下，是平面曲线或平面曲线和直线所组成的封闭图形，为截平面和曲面立体表面所共有。曲面体截交线上的每一点，都是截平面与曲面体表面的共有点。求出截交线上足够的共有点的投影，然后依次连接起来，便可得出截交线的投影。求共有点时，应先作出截交线上特殊点的投影，特殊点包括最高、最低点，最前、最后点，最左、最右点，可见与不可见的分界点，截交线本身的几何特征所固有的特殊点(如椭圆长、短轴的端点，抛物线顶点)等，如有必要再求一般点。

截交线是曲面体和截平面的共有点的集合。

求作截交线的基本方法有：

◆ 直素线法；
◆ 纬圆法。

2. 直线与曲面立体相交

求作贯穿点投影的方法有两种。

(1) 积聚投影法　如果曲面体表面的投影或直线的投影具有积聚性，则贯穿点的投影在积聚性的投影中为已知，其余投影可利用表面上作点的方法求得。

(2) 辅助平面法　如果曲面体表面的投影或直线的投影都没有积聚性，求直线曲面的贯穿点需借助于辅助平面作图。

2.2.6 平面立体与平面立体相交

两相交的立体称为相贯体，它们表面的交线称为相贯线。

两平面立体相交，其相贯线在一般情况下是由若干条直线组成的封闭的空间折线。每一段折线必定是两平面立体上相关的两个棱面的交线，每一个折点必定是一立体的棱线与另一立体棱面的交点。因此，求作平面立体相贯线的实质是求作线与面的交点，即求作参与相交的棱线与棱面的交点(相贯线上的折点)。将各交点依次相连，即为所求相贯线。

求作平面立体相贯线的一般步骤如下。

(1) 求出相贯线上的所有交点(折点)

◆ 根据已知的投影图，弄清两立体在空间的相对位置；
◆ 判断两立体上哪些棱面、棱线参与了相交；
◆ 求出所有参与相交的棱线与棱面的交点(即相贯线上的每一个折点)。

(2) 依次连接各个折点　连点时应注意：

◆ 每一段折线都是一立体上的一棱面与另一立体上一棱面的交线，只有两点都位于两个相交的棱面上时才能相连；
◆ 在投影图上，如果相交的两个棱面都可见，则折线连成粗实线；如果两棱面中只要有一个不可见，则折线连成虚线。

2.2.7 同坡屋面交线

为了排水需要，屋面均有坡度，当坡度大于 10% 时称坡屋面或坡屋顶。如果各坡屋面与地面（H 面）倾角都相等，则称为同坡屋面。

1. 同坡屋面交线的类型

(1) 屋脊线　与檐口线平行的二坡屋面交线。

(2) 斜脊线　凸墙角处檐口线相交的二坡屋面交线。

(3) 天沟线　凹墙角处檐口线相交的二坡屋面交线。

2. 同坡屋面交线的投影的特点

(1) 两个屋檐平行的屋面，其交线为屋脊。屋脊的 H 面投影不仅与两屋檐的 H 面投影平行，而且与两檐口的距离相等。

(2) 两个屋檐相交的屋面，其交线为斜脊或天沟。斜脊或天沟的 H 面投影为两屋檐夹角的平分线。

(3) 在同坡屋面上，如果有两条屋面交线交于一点，则必然有第三条屋面交线通过该点。

3. 同坡屋面交线投影图的作图顺序

(1) 作屋面交线的 H 面投影。先作各墙角的角平分线（斜脊或天沟），再过两斜脊线的交点作直脊线。

(2) 作屋面及交线的 V 面投影。

(3) 作屋面及交线的 W 面投影。

2.2.8 平面立体与曲面立体相交

平面立体与曲面立体相贯，可以看成是平面立体上的若干个棱面与曲面立体的表面相交，其交线在一般情况下是由若干段平面曲线或平面曲线和直线所组成的空间封闭线框。每一段平面曲线（或直线）是平面立体上一个棱面与曲面立体的截交线，相邻两段平面曲线的交点或相邻的曲线与直线的交点是平面立体的棱线与曲面立体的贯穿点。所以，求作平面立体与曲面立体的相贯线，也就是求作平面与曲面立体的截交线和直线与曲面立体的贯穿点（迁移思维）。

2.2.9 曲面立体与曲面立体相交

两曲面立体相交，其相贯线一般为封闭的空间曲线，特殊情况下是平面曲线或直线。相贯线是两立体表面的共有线。求作曲面体相贯线的实质是求相贯线上的一系列共有点，然后依次光滑地连接，并判断其可见性。求相贯线上点的常用方法有表面定点法、辅助平面法。

1. 表面定点法

表面定点法的实质是利用曲面的积聚性投影作图。相交两曲面之一，如果有一个投影具有积聚性，则相贯线的这个投影必位于曲面积聚投影上而成为已知，这时，可利用积聚性投影，通过表面上作点的方法作出相贯线的其余投影。

2. 辅助平面法

辅助平面法的实质是采用三面共点的方法作图。为获得相贯体的表面共有点，假想用一个平面截切相贯体，则所得两组截交线的交点（三面共点），即为相贯线上的点。这个假想的截平面称为辅助平面。用辅助平面先求共有点后画相贯线的方法称为辅助平面法。按相交两立体的几何性质，选适当数量的辅助平面，就可得到一些共有点。通常选取投影面平行面或投影面垂直面作为辅助平面，且使所得的截交线投影是简单易画的圆或直线。

2.3 学习基本要求及重点与难点

2.3.1 平面立体及其表面上的点和线

● *学习基本要求*
(1) 学习绘制平面立体三视图；
(2) 掌握求作平面立体及其表面上的点和线的方法；
(3) 掌握分析平面立体上所求点和直线的投影的可见性的方法。
● *重点* 平面立体三视图的绘制方法，利用积聚性和辅助直线法求作平面立体表面上的点和线，分析所求点和线的投影的可见性。
● *难点* 辅助直线法求作锥体表面上的点和线，并判别点和线的投影的可见性。

2.3.2 曲面立体及其表面上的点和线

● *学习基本要求*
(1) 根据曲面的形成规律和曲面轮廓的投影，学习绘制曲面立体三视图；
(2) 掌握求作曲面立体及其表面上的点和线的方法；
(3) 掌握分析所求点和线的投影的可见性的方法。
● *重点* 曲面立体三视图的绘制方法，利用积聚性、直素线法和纬圆法求作曲面立体表面上的点和线，分析所求的点和线的投影的可见性。
● *难点* 直素线法和纬圆法求作圆锥体表面上的点和线，纬圆法求作圆球体表面上的点和线，并判断点和线的投影的可见性。

2.3.3 平面及直线与平面立体相交

● *学习基本要求*
(1) 学会分析用截平面截切平面立体所形成的交线的形状；
(2) 掌握求作平面立体上参与相交棱线与截平面相交求交点的方法(交点法)；
(3) 掌握求作平面立体上参与相交棱面与截平面相交求交线的方法(交线法)；
(4) 掌握求作直线与平面立体表面相交求贯穿点的方法。
● *重点* 求作平面立体上棱线与截平面相交的交点。
● *难点* 将平面立体上参与相交棱面上的交点连接成直线并判断其可见性。

2.3.4 平面及直线与曲面立体相交

● *学习基本要求*
(1) 学会分析用截平面截切曲面立体所形成的截交线的形状；

(2) 掌握求作截平面截曲面立体的截交线的方法；
(3) 掌握求作直线与曲面立体表面相交求贯穿点的方法。
● *重点* 求作平面截曲面立体的截交线的方法。
● *难点* 判断与求作截交线上的特殊点，判断截交线的可见性。

2.3.5 平面立体与平面立体相交

● *学习基本要求*
(1) 学会分析判断参与相交的棱线和棱面；
(2) 掌握求作相交的棱线与棱面交点的方法，掌握求作相交的棱面与棱面交线的方法；
(3) 正确连接各交点成直线。
● *重点* 求作相交的棱线与棱面交点的方法，求作相交的棱面与棱面交线的方法。
● *难点* 判断相交棱面可见性，判断哪些交点可相连。

2.3.6 同坡屋面交线

● *学习基本要求*
(1) 弄清同坡屋面交线的定义；
(2) 理解同坡屋面交线的投影特性；
(3) 掌握求作同坡屋面交线的方法。
● *重点* 求作同坡屋面交线的方法。
● *难点* 理解同坡屋面交线的投影特性，按作图顺序(H面—V面—W面)求作同坡屋面交线的三面投影。

2.3.7 平面立体与曲面立体相交

● *学习基本要求*
(1) 学会分析平面立体各棱面与曲面立体相交所形成交线的形状；
(2) 掌握求作平面立体上参与相交棱线与曲面立体表面相交的交点的方法；
(3) 掌握求作平面立体上参与相交棱面与曲面立体表面相交的交线的方法。
● *重点* 求作平面立体上参与相交棱线与曲面立体表面相交的交点。
● *难点* 判断平面立体上参与相交棱面与曲面立体表面相交交线的形状及可见性。

2.3.8 曲面立体与曲面立体相交

● *学习基本要求*
(1) 理解曲面体相贯线的形成及投影特性；
(2) 学会分析、判断相交曲面立体的空间状况及投影图形，确定求作相贯线的方法；
(3) 掌握用表面定点法和辅助平面法求作相贯线。
● *重点* 求作相贯线的两种方法(直素线法和纬圆法)。
● *难点* 判断相贯线的形状及可见性，求作相贯线上的特殊点和一般点。

2.4 习题思考方法及解答

2.4.1 平面立体及其表面上的点和线

【2-1】 （1）如图2-1(a)所示，（2）如图2-1(b)所示，分别补作平面立体的 W 面投影，并补全立体表面上点和线段的另两面投影。

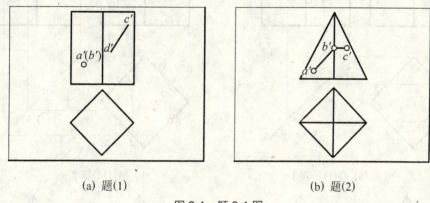

(a) 题(1)　　　　　　　(b) 题(2)

图 2-1　题 2-1 图

■ *分析*

完成平面立体的投影图，求作平面立体表面上的点和线，应把握四个原则：

1. 立体投影图必须符合投影规律。
2. 求作平面立体表面上的点和线，与求作平面上的点和直线的原理和方法相同。
3. 当立体的棱面有积聚性投影时，可利用其积聚性投影直接获得点或线的一个投影，然后由投影规律获得点或线的另一个投影。当立体的棱面没有积聚性投影时，要利用辅助直线来解决问题。
4. 要根据已知条件分析点和直线位于立体的哪一个棱面上，并判断其投影的可见性。

对于四棱柱上的两点 A、B 和直线 DC，根据点 a'、b'，直线 $c'd'$ 的可见性及位置，可知其在四棱柱左侧的前、后两棱面上，直线 D 在右侧的前棱面上。四棱柱的四个棱面都是铅垂面，在 H 面上的投影有积聚性，故可利用其积聚性投影作图解题。

对于四棱锥上的 AB、BC 两条直线，根据直线 $a'b'$、$b'c'$ 的可见性及位置，可知其在四棱锥的前面左、右两侧棱面上，BC 平行于底边，它们的同面投影必相互平行。由于四棱锥的四个棱面都是一般位置平面，所以要利用辅助直线来解题。

■ *作图*　如图2-2所示。

题(1)　1. 按投影规律补作四棱柱的侧面投影。利用四棱柱的 H 面积聚性投影及投影对应作出点 A、B 的 H、W 面投影（见图(a)）。

2. 作出直线段两端点 C、D 的 H、W 面投影，在 W 面投影连接线段 $c''d''$ 并判断其可见性（见图(b)）。

题(2)　1. 按投影规律补作四棱锥的侧面投影。在 V 面投影中过点 a' 作与底边线的平行线，线上取点得点 a。由投影对应得点 b''、a''，并作连线 ab、$a''b''$（见图(c)）。

2. 因 BC 平行于底边，过点 b 作与底边平行的直线，线上取得点 c，由投影对应得点 c″。因点 C 位于右前棱线上，在 W 面投影不可见，将连线 b″c″ 画成虚线(见图(d))。

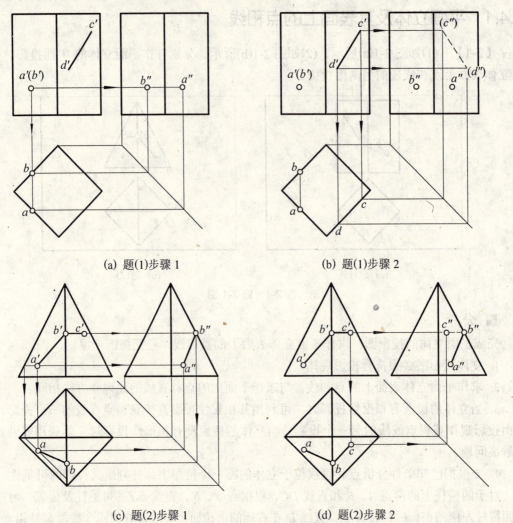

(a) 题(1)步骤 1　　　　　　(b) 题(1)步骤 2

(c) 题(2)步骤 1　　　　　　(d) 题(2)步骤 2

图 2-2　题 2-1 作图过程

■ 题后点评

绘制平面立体的三投影图要注意遵循投影规律，在平面立体表面上取点、线的方法与在平面上取点、线的方法相同，但要注意根据已知条件，分析所求点、线在棱面上的位置及与边线的关系(相交或平行)，最后判断其可见性。

■ 举一反三思考题

1. 如图 2-3 所示，补作五棱台的 W 面投影，并补全立体表面上点和线段的另两面投影。

2. 如图 2-4 所示，补作六棱柱的 H 面投影，并补全立体表面上点和线段的另两面投影。

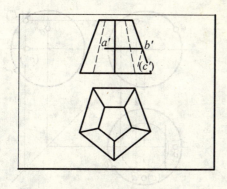

图 2-3 思考题 1 图

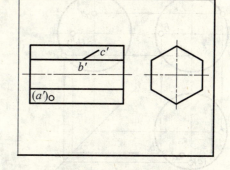

图 2-4 思考题 2 图

2.4.2 曲面立体及其表面上的点和线

【2-2】 如图 2-5 所示，补全球表面上点和线段的另两面投影。

■ **分析**

求作曲面立体表面上的点和线，应把握三个原则：

1. 求作曲面立体表面上的点和线的原理和方法，与求作平面上的点和直线的原理和方法相同。

2. 当曲面有积聚性投影时，可利用其积聚性投影直接获得点或线的一个投影后，由投影规律获得点或线的另一个投影。当曲面没有积聚性投影时，要利用直素线法或纬圆法来解决问题。

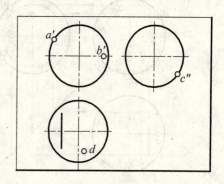

图 2-5 题 2-2 图

3. 要根据曲面体的上下、左右、前后的位置关系，判断曲面立体表面上点和线的位置，判断其投影的可见性。

球面各个投影都没有积聚性，求作球面上点、线的投影，要借助辅助纬圆。由已知条件可知，点 A 在球面上平行于 V 面的最大圆上，点 B 在球面上平行于 H 面的最大圆上，点 C 在球面上平行于 W 面的最大圆上，这三点在特殊位置上。根据投影规律作图可直接求得另两面投影。点 D 在球面的前、右、上方，要借助辅助纬圆求作其另两面投影，球面上的线段是一段圆曲线，平行于 W 面，在 W 面上反映线段的实形（一段圆弧）。

■ **作图** 如图 2-6 所示。

1. 根据投影规律，作出球面上三特殊点 A、B、C 的另两面投影。点 C 在下半球面上，故点 c 不可见；点 B 在右半球面上，故点 b″ 不可见（见图(a)）。

2. 过点 d 作出水平纬圆，根据投影规律，作出 d′ 和 d″，点 D 在上、前、右球面上，故正面投影可见，侧面投影不可见（见图(b)）。

3. 线段平行于 W 面，在 W 面反映线段圆弧的实形，在 V 面投影积聚成直线，且前后线段投影重叠（见图(c)）。

4. 线段位于上、左、后球面上，W 面投影可见，V 面投影可见，画成粗实线（见图(d)）。

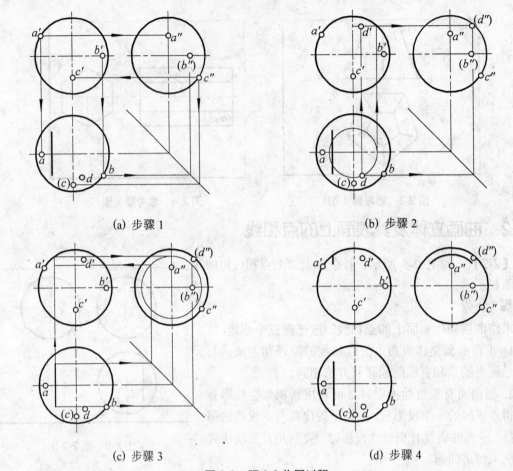

(a) 步骤 1　　　　　　　　　　　　(b) 步骤 2

(c) 步骤 3　　　　　　　　　　　　(d) 步骤 4

图 2-6　题 2-2 作图过程

■ *题后点评*

求作曲面立体表面上的点和线应根据曲面(圆柱面、圆锥面、球面等)的性质不同，分别运用直素线法或纬圆法作图。由曲面立体的投影图及曲面立体的点和线在表面上的位置，是正确判断曲面立体表面上点和线投影可见性的基础。

2.4.3　平面与平面立体相交

【2-3】　如图 2-7 所示，求平面 P 与六棱柱的截交线，并补作 W 面投影。

■ *分析*

1. 正垂截平面 P 与直立六棱柱相交，与六条侧棱线相交得六个截交点，与六个侧棱面相交得六条截交线，截平面为六边形。

2. 截平面 P 在 V 面有积聚性投影，直立六棱柱的侧棱线和侧棱面在 H 面有积聚性投影，截交线的 V 面投影与截平面 P 积聚性投影重合，H 面投影与六棱柱的积聚

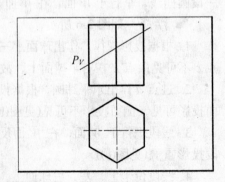

图 2-7　题 2-3 图

性投影重合。

3. 可利用截平面 P 与直立六棱柱的积聚性投影，采用交点法或交线法进行求解。

■ *作图* 如图 2-8 所示。

1. 按投影规律完成六棱柱的 W 面投影。根据"高平齐"的投影规律求得六棱柱六条棱线与截平面六个交点的 W 面投影(见图(a))。

2. 左边三个棱面上的交线可见，右边三个棱面上的交线不可见，判断交线的可见性，完成作图(见图(b))。

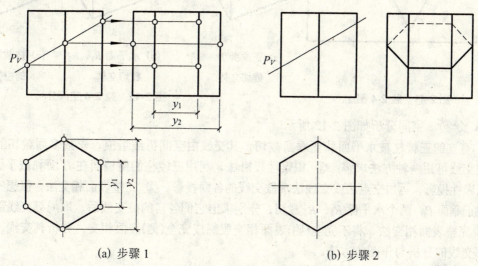

图 2-8 题 2-3 作图过程

■ *题后点评*

1. 单个截平面与平面立体相交，截交线为平面多边形，多边形的边数取决于截平面与平面立体上棱面相交的个数；多边形的形状取决于平面立体的空间形象及平面立体与截平面的相对位置。

2. 当截平面或平面立体上参与相交的表面具有积聚性投影时，可从具有积聚性投影开始作图。

■ *举一反三思考题*

1. 如图 2-9 所示，求作平面 P 与五棱柱的截交线，并补作 W 面投影。

2. 如图 2-10 所示，完成由点 A、B、C 确定的平面截割六棱柱的截交线的 V、W 面投影。

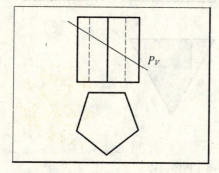

图 2-9 思考题 1 图

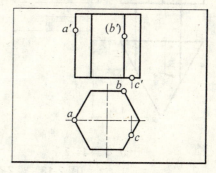

图 2-10 思考题 2 图

【2-4】 如图 2-11 所示，完成截割三棱柱的 H 面投影，并补作 W 面投影。

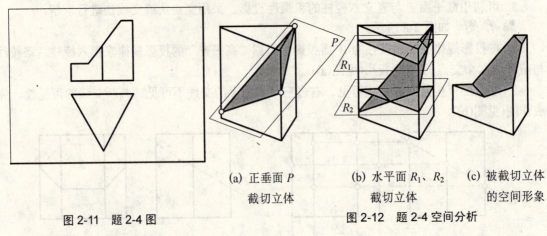

图 2-11 题 2-4 图

(a) 正垂面 P 截切立体　　(b) 水平面 R_1、R_2 截切立体　　(c) 被截切立体的空间形象

图 2-12 题 2-4 空间分析

■ *分析*　空间分析如图 2-12 所示。

1. 直立的三棱柱被水平面和正垂面截切，其交线由空间折线组成。求被多面截切的三棱柱的截交线可用两种方法求解：① 积聚性投影法。利用三棱柱的侧棱面在 H 面和截平面在 V 面的积聚性投影，运用交点法或交线法求截交线的各面投影。② 完整表面相交法。假想三棱柱分别被正垂面 P、两个水平面 R_1、R_2 截切，分别求出它们各自的截交线后，取局部交线部分。

2. 完整表面相交法。将不完全(侧)表面相交假想成完全(侧)表面相交，分析其交线，然后取局部交线的分析与作图的方法。

■ *作图*

方法 1　应用积聚性投影法，如图 2-13 所示。

1. 由投影规律作三棱柱的 W 面投影(见图(a))。
2. 利用三棱柱的侧棱面和截平面的积聚性投影，求交点和交线的各面投影(见图(a))。
3. 完成作图(见图(b))。

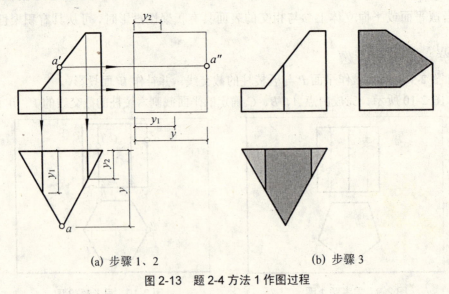

(a) 步骤 1、2　　(b) 步骤 3

图 2-13 题 2-4 方法 1 作图过程

方法 2 应用完整表面相交法，如图 2-14 所示。
1. 由投影规律作三棱柱的 W 面投影(见图(a))。
2. 求正垂面 P 截切三棱柱的截交线的三个顶点 A、B、C 的各面投影(见图(a))。
3. 求水平面 R_1、R_2 截切三棱柱及与正垂面的交线(见图(a))。
4. 完成作图(见图(b))。

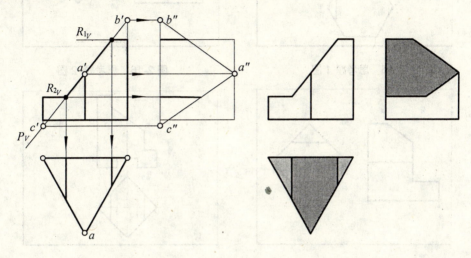

(a) 步骤 1、2、3　　　　　　(b) 步骤 4

图 2-14　题 2-4 方法 2 作图过程

■ *题后点评*

1. 要加强形象思维能力，除要训练形象思维的形象性外，还要训练形象思维的概括性。通过对形象的概括，撇开它们的个别属性，抽出共性，并抓住事物之间的内部联系，发现它们的共同本质。譬如，棱柱类立体被截切，尽管立体的类型不同、截平面的数量不同、截平面相对投影面或立体的位置不同，但经过概括可发现，它们具有共同的本质特性：截交线由直线段组合而成，截交线至少有一个投影具有积聚性的特点等。求截交线则可利用积聚性投影进行线上和面上取点等方法作图。

2. 当立体被多个平面所截时，其截交线往往要比单一平面截切所产生的截交线复杂，在分析中可从立体的原型被单一截平面截切开始作原型联想、相近联想、对比联想，通过进一步的联想思考，利用原型与被截切的立体联系及差异，先简单地凭直觉想象其形象，再由其他截平面截切，想象立体变化的演变过程，最后综合起来想象最终形象。

■ *举一反三思考题*

1. 如图 2-15 所示，完成六棱柱被截割后的 W 面投影。
2. 如图 2-16 所示，完成四棱柱被截割后的 H 面投影。
3. 如图 2-17 所示，完成四棱柱被截割后的 H 面投影。
4. 如图 2-18 所示，完成四棱柱被截割后的 W 面投影。

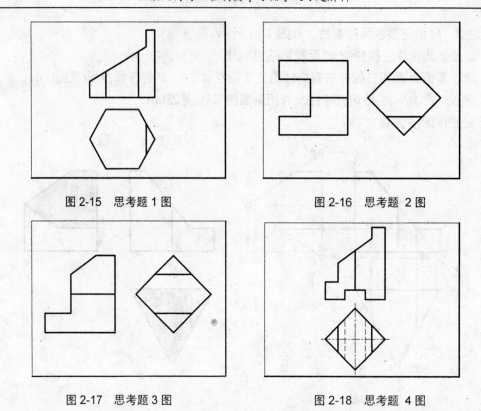

图 2-15 思考题 1 图　　　　图 2-16 思考题 2 图

图 2-17 思考题 3 图　　　　图 2-18 思考题 4 图

【2-5】　如图 2-19 所示，求四棱柱被正垂面 P、铅垂面 Q 及侧垂面 R 截切后的投影。

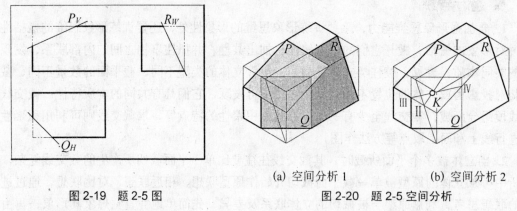

图 2-19 题 2-5 图　　　　(a) 空间分析 1　　　(b) 空间分析 2

　　　　　　　　　　　　　　图 2-20　题 2-5 空间分析

■ **分析**　空间分析如图 2-20 所示。

1. 四棱柱的表面均为投影面平行面，它们在相应投影面上都有积聚性投影。截切四棱柱的正垂面 P、铅垂面 Q 及侧垂面 R 在相应投影面上也都有积聚性投影。本题可利用各平面的积聚性投影求两平面的交线(见图(a))。

2. 各截平面与四棱柱表面的交线均为投影面垂线，可分别由各投影的积聚性投影直接获得。各截平面两两之间的交线均为一般位置直线，可分别利用截平面的积聚性投影求得。

3. 各截平面之间的交线必交于一点 K——三面共点。该点可先任意求两条截平面之间的交线，然后求其交点而得到结果(见图(b))。

■ *作图* 如图 2-21 所示。

1. 由各截平面与四棱柱表面的积聚性投影直接获得各截平面与四棱柱表面的交线(见图(a))。

2. 由各截平面的积聚性投影求正垂面 P 与侧垂面 R 的交线Ⅰ Ⅱ、正垂面 P 与铅垂面 Q 的交线Ⅲ Ⅳ，获得交点 K(见图(a))。

3. 完成作图(见图(b))。

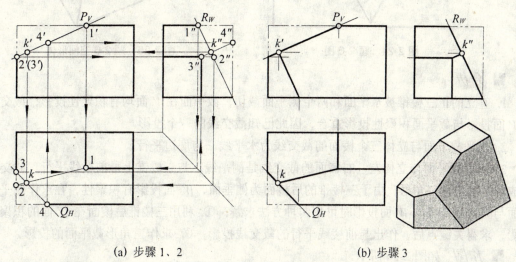

(a) 步骤 1、2　　　　　　　　　　(b) 步骤 3

图 2-21 题 2-5 作图过程

■ *题后点评*

1. 当多个截平面与平面立体相交时，其交线为多条截交线组合而成封闭的空间折线，可运用交点法或交线法求解。

2. 只要参与相交的立体表面或截平面有积聚性投影，就已知截交线的一个(或两个)投影，解题时可先从有积聚性的投影入手。

■ *举一反三思考题*

1. 如图 2-22 所示，补全平面立体的 V 面投影，画出 H 面投影。

2. 如图 2-23 所示，完成平面立体的 W 面投影。

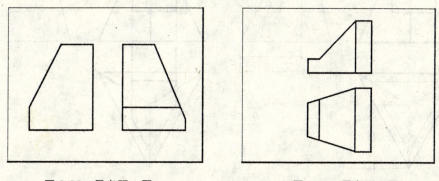

图 2-22 思考题 1 图　　　　　　图 2-23 思考题 2 图

【2-6】 如图 2-24 所示，完成截割三棱锥的 H 面投影，并补作 W 面投影。

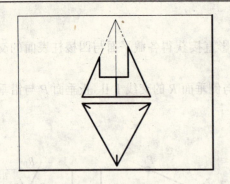

图 2-24 题 2-6 图

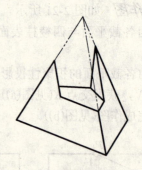

图 2-25 题 2-6 空间形体

■ **分析**

1. 直立的正三棱锥被水平面和两个侧平面截切，截平面在 V 面均有积聚性投影，截交线的 V 面投影与截平面积聚性投影重合，因此已知截交线的一个投影。

2. 水平截平面与立体三个棱面的截交线为水平线，与底边平行。

3. 侧平截平面与立体左、右棱面的截交线是侧平线，与三棱锥上最前棱线平行。截交线围成的截平面是三角形。由于三棱锥的后棱面为侧垂面，W 面投影有积聚性，在求作侧平截平面与立体截交线的 W 面投影时可用两种方法求解：① 利用三棱锥后棱面在 W 面的积聚性投影，求得关键点后，作出与前棱线平行的截交线投影；② 求作三角形截平面的投影。

■ **作图** 如图 2-26 所示。

1. 由投影规律用细线作出完整三棱锥的 W 面投影，作出水平面与三棱锥棱面交线的投影（见图(a)）。

2. 作侧平截面方法 1：求得三棱锥后面两条棱线上关键点的投影，在 W 面投影中，分别过点 a''、b'' 作与前棱线平行的直线（见图(b)）。

3. 作侧平截面方法 2：作出侧平截平面的 W 面投影（见图(c)）。

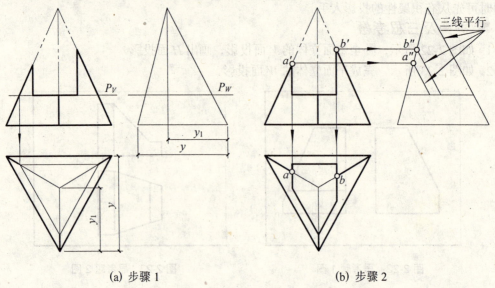

(a) 步骤 1　　　　　　　　　　　　　(b) 步骤 2

图 2-26 题 2-6 作图过程

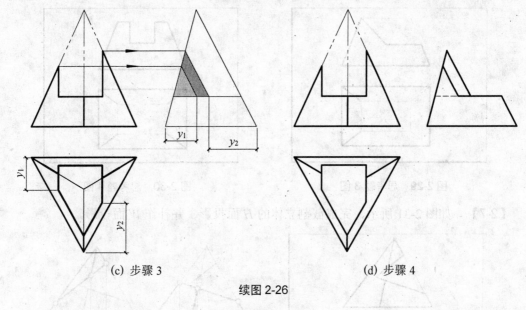

(c) 步骤 3　　　　　　　　　　　　　(d) 步骤 4

续图 2-26

4. 整理轮廓，加粗图线，完成作图(见图(d))。

■ *题后点评*

1. 棱锥被平面截切，应该注意截平面与棱锥底面(或端面)之间的关系。如果有一个截平面与被截切立体的底面平行，那么截平面与立体棱面相交所产生的截交线一定与立体底面的各边平行。

2. 求作这一类型截切立体的投影图形时，应根据已知图形，看懂并明确立体原型及底面(或端面)形状，分析截平面的形状，先求作与底面(或端面)平行的截平面与立体棱面的截交线的三面投影，再求作投影面垂直面与立体棱面的截交线。

■ *举一反三思考题*

1. 如图 2-27 所示，完成截割三棱锥的 H 面投影，并补作 W 面投影。
2. 如图 2-28 所示，完成截割四棱台的 H 面投影，并补作 W 面投影。
3. 如图 2-29 所示，完成带切口的四棱锥的 H 面投影，并作出其 W 面投影。
4. 如图 2-30 所示，完成带切口的四棱台的 H 面投影，并作出其 W 面投影。

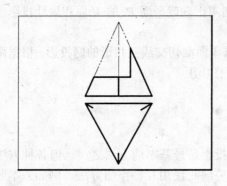

图 2-27　思考题 1 图

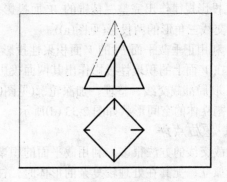

图 2-28　思考题 2 图

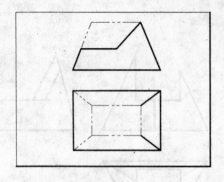

图 2-29 思考题 3 图

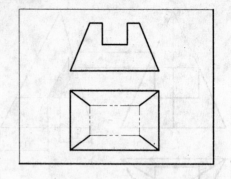

图 2-30 思考题 4 图

【2-7】 如图 2-31 所示，完成截割立体的 H 面投影，并补作 W 面投影。

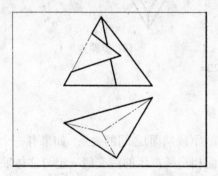

图 2-31 题 2-7 图

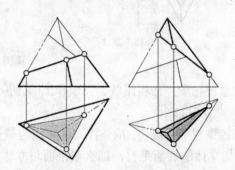

图 2-32 题 2-7 假想被两个截平面完整截切

■ *分析*

从 V 面投影可知，三棱锥被两个正垂面所截，截交线可用两种方法求解：① 利用积聚性投影法。截平面与三棱锥的两条棱线相交，其交点可直接作出，关键在于确定两个正垂面相交的交线——正垂线的投影，由于这条线两个端点在锥面上，需作辅助线求出这两点的另外两个投影。② 运用完整表面相交法。三棱锥分别被两个正垂面 P_1、P_2 完全截切，将产生两段简单易求的截交线——三边形，如图 2-32 所示。只需分别作出它们各自的三个交点后，取局部交线部分。两个正垂面相交的交线——正垂线的投影，可利用正垂线的积聚性投影直接作出。

■ *作图* 运用完整表面相交法作图，如图 2-33 所示。

1. 投影规律作出完整三棱锥的 W 面投影。利用正垂截平面 P_V 的 V 面积聚性投影，求单面截切交线三角形的两投影(见图(a))。

2. 利用正垂截平面 P_V 的 V 面积聚性投影，求单面截切交线三角形的两投影。根据两截面的交线在 V 面上的积聚性投影作出其两面投影(见图(b))。

3. 取局部截交线、整理、加深轮廓(见图(c))。

切割立体的空间形状如图 2-33(d)所示。

■ *题后点评*

求截交线的方法很多，利用截平面的积聚性投影是最基本的方法之一，但各种方法的使用并非孤立，尤其在处理较复杂的形体时，往往要同时使用几种作图方法。例如，本题可只作一个正垂面的完整截切，然后利用积聚性法完成其余交点或交线的投影。因此在掌握基本作图方法的基础上，应注意各种方法的综合、灵活应用。

2 基本体与截交线和相贯线

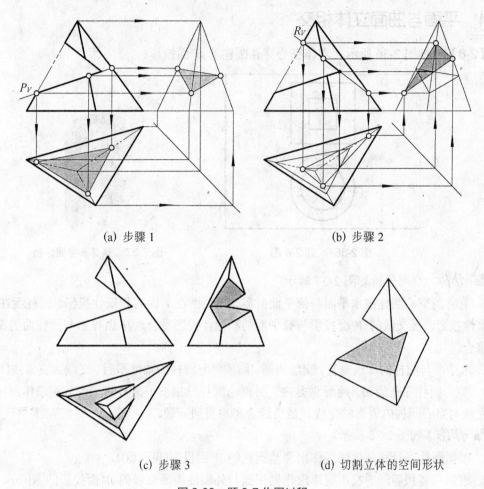

(a) 步骤1　　　　　　　　　(b) 步骤2

(c) 步骤3　　　　　　　　　(d) 切割立体的空间形状

图 2-33　题 2-7 作图过程

■ 举一反三思考题

1. 如图 2-34 所示，完成带切口的四棱锥的 H 面投影，并补作 W 面投影。
2. 如图 2-35 所示，完成被截割三棱锥的 H 面投影，并补作 W 面投影。

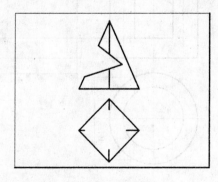

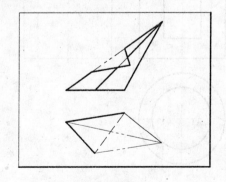

图 2-34　思考题 1 图　　　　　图 2-35　思考题 2 图

2.4.4 平面与曲面立体相交

【2-8】 如图 2-36 所示，求作空心穿孔圆柱的 W 面投影。

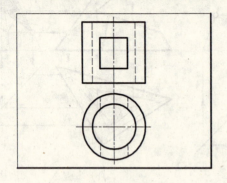

图 2-36 题 2-8 图

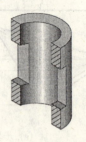

图 2-37 题 2-8 空间分析

■ **分析** 空间分析如图 2-37 所示。

1. 直立的空心圆柱被水平面与侧平面所截。截平面在 V 面有积聚性投影，圆柱面在 H 面有积聚性投影，截交线的 V 面投影与截平面的积聚性投影重合，H 面投影与圆柱面的积聚性投影重合。

2. 水平面与圆柱的轴线垂直，交线为圆；侧平面与圆柱的轴线平行，交线为直素线(矩形)。

3. 空心圆柱穿孔截切，可看做是内、外两个圆柱分别被平面截切。可分别求作圆柱外表面的交线与空心圆柱内表面的交线，最后综合考虑贯通问题。

■ **作图** 如图 2-38 所示。

1. 根据圆柱直径和高度细线作出完整圆柱的 W 面投影(见图(a))。
2. 根据"宽相等"的投影规律求作侧平面与外圆柱表面交线的 W 面投影(见图(b))。
3. 根据"宽相等"的投影规律求作侧平面与圆柱内表面交线的 W 面投影(见图(c))。
4. 去掉多余图线，用粗实线描画圆柱外轮廓，完成 W 面投影(见图(d))。

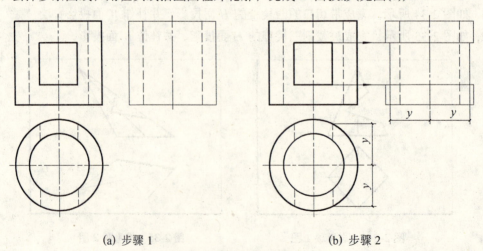

(a) 步骤 1　　　　　　　　　　　　(b) 步骤 2

图 2-38 题 2-8 作图过程

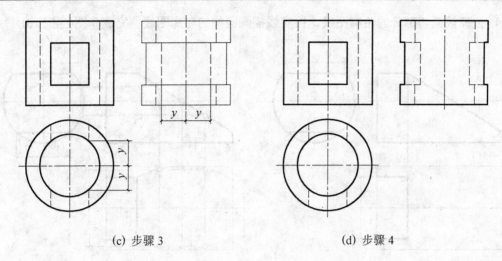

(c) 步骤3   (d) 步骤4

续图 2-38

■ *题后点评*

1. 要善于形体联想，立体有实体的，也有空心的，在头脑中要建立起实体与空心体的一一对应关系。

2. 圆柱被平面截切，产生截交线的三种情况应熟悉与牢记。分析截平面相对于圆柱轴线的位置，明确截交线的形状，是正确求作圆柱截交线的关键所在。

3. 删繁就简，抓住问题的核心，是解决复杂问题的必要手段。分别求作内、外两个圆柱的截交线，复杂问题变成简单问题，解题就容易了。与此相似的问题，如叠加的大小圆柱被平面截切，也可分别求作截交线，再综合考虑。

【2-9】 如图 2-39 所示，求作截切圆柱的 H 面投影。

■ *分析*

1. 轴线水平放置的圆柱被水平面与正垂面所截，截平面在 V 面有积聚性投影，圆柱面在 W 面有积聚性投影，截交线的 V 面投影与截平面的积聚性投影重合，W 面投影与圆柱的积聚性投影重合。

2. 水平面与圆柱的轴线平行，交线为直素线(矩形)，正垂面与圆柱的轴线倾斜，交线为部分椭圆曲线。

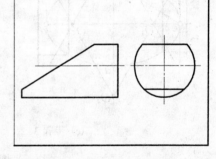

图 2-39 题 2-9 图

3. 求作圆柱表面椭圆截交线可用两种方法：① 表面取点法，截交线的两面投影已知，可用表面取点法求作截交线上的若干点；② 完整表面相交法，假想完整圆柱被与轴线倾斜平面截切，求得椭圆截交线上长短轴的端点后，用四圆心法画出椭圆曲线，取有效交线部分。

■ *作图* 如图 2-40 所示。

1. 根据圆柱直径和长度细线作出完整圆柱的 H 面投影，作出水平截平面与圆柱面交线的 H 面投影(见图(a))。

2. 表面取点法作出正垂面与圆柱面交线的 H 面投影(见图(b))。

3. 完整表面相交法，四圆心法作出正垂面与圆柱面交线(椭圆曲线)的 H 面投影(见图(c))。

4. 去掉被截切部分的轮廓图线，粗实线描画圆柱的轮廓图线，完成作图((见图(d))。

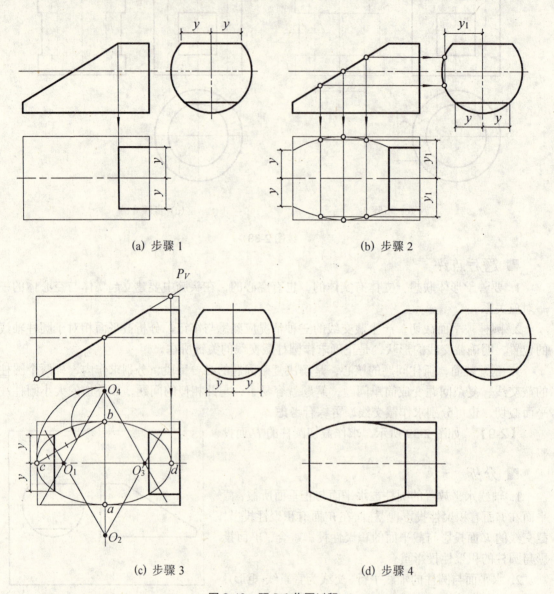

(a) 步骤 1　　　　　　　　　(b) 步骤 2

(c) 步骤 3　　　　　　　　　(d) 步骤 4

图 2-40　题 2-9 作图过程

题后点评

1. 基本立体的共同之处在于立体都是由面围成的，所以平面截切立体，求作截交线的方法实质上是相通的。例如，求作圆柱体截交线时仍然利用积聚性投影，采用线上、面上取点，完整表面相交法等求解作图。

2. 要强化原型联想，注意圆柱体与平面立体的根本区别，在它们的共性中抽出其个性，圆柱面是连续的光滑的，圆柱面上的截交线有直素线，也有曲线，掌握曲线截交线的作图方法，是正确求作曲线截交线必备的条件。

【2-10】　如图 2-41 所示，已知涵洞端部挡土墙的两面投影，作出它的 H 面投影。

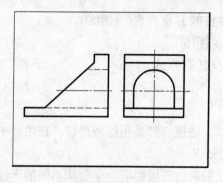

图 2-41 题 2-10 图

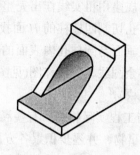

图 2-42 题 2-10 空间分析

■ **分析** 空间分析如图 2-42 所示。

本题可以理解为在切割四棱柱上挖去了倒 U 形柱孔，可分成两部分作图。先作出挖孔四棱柱的 H 面投影；而倒 U 形柱孔内表面上半部分可看成是半圆柱被与其轴线倾斜的正垂面截切，截交线是部分椭圆曲线，再作椭圆截交线的投影。

■ **作图** 如图 2-43 所示。

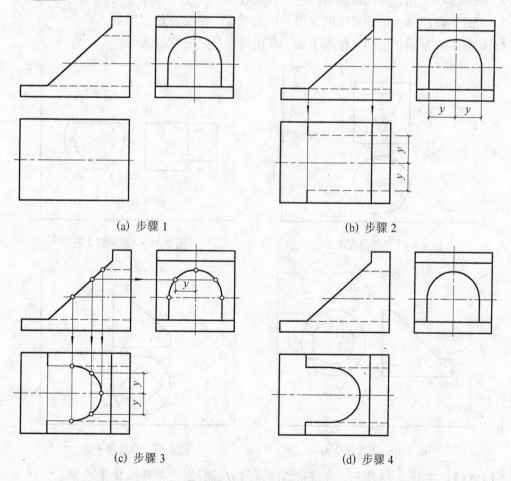

(a) 步骤 1　　　　　　　　　　　　　(b) 步骤 2

(c) 步骤 3　　　　　　　　　　　　　(d) 步骤 4

图 2-43 题 2-10 作图过程

1. 由投影规律用粗实线作出完整四棱柱的 H 面投影(见图(a))。
2. 作出穿孔切割四棱柱的 H 面投影(见图(b))。
3. 求作正垂面与圆柱孔内表面的截交线(见图(c))。
4. 去掉多余图线,完成作图(见图(d))。

■ *题后点评*

1. 本题与工程实际相关,有些涵洞口、隧道口都采用这种形状,在生活中要从尽可能多的角度去观察事物,并逐步积累各方面的知识。

2. 运用发散思维方法,克服思维定式带来的消极影响,学会从不同的个性问题中找出它们的共性,并善于从复杂的问题中抓住关键。这一类型问题的共性仍然是平面截切圆柱求其截交线的问题。分析立体中孔洞的形状,确定求作截交线的方法,问题即迎刃而解。孔洞的截交线的作图方法与实体截交线的作图方法是相同的。

■ *举一反三思考题*

1. 如图 2-44 所示,求作穿孔圆柱的 W 面投影。
2. 如图 2-45 所示,求作被截切圆柱的 H 面投影。
3. 如图 2-46 所示,已知立体的 V 面、W 面投影,完成 H 面投影。
4. 如图 2-47 所示,已知立体的 V 面、H 面投影,完成 W 面投影。

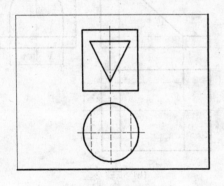

图 2-44 思考题 1 图

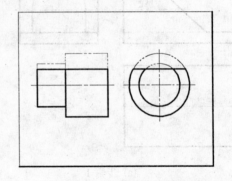

图 2-45 思考题 2 图

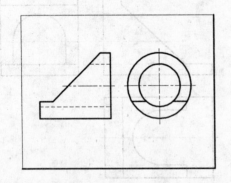

图 2-46 思考题 3 图

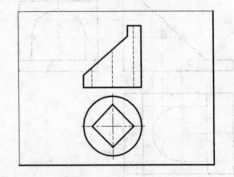

图 2-47 思考题 4 图

【2-11】 如图 2-48 所示,完成被截圆台的 H 面投影,并补作 W 面投影。

■ *分析*

1. 直立的圆台被正垂面和侧平面所截，截平面在 V 面有积聚性投影，截交线的 V 面投影与截平面的积聚性投影重合。

2. 侧平截平面过轴线并通过圆锥顶，交线为直素线，重合于最前、最后素线上。正垂截平面延长后与所有的素线相交并倾斜于圆锥轴线，交线为椭圆曲线。

3. 圆锥面没有积聚性投影，求作圆锥面上椭圆截交线的 H 面和 W 面投影时，要用纬圆法或直素线法作图，也可采用完整表面相交法作图(作图方法与题 2-9 相似)。

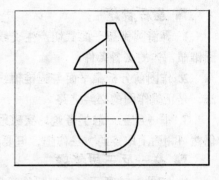

图 2-48 题 2-11 图

■ *作图* 如图 2-49 所示。

1. 由投影规律作圆台的 H 面和 W 面投影(见图(a))。
2. 求作椭圆截交线上的特殊点(见图(b))。
3. 用纬圆法(或直素线法)求作截交线上一般点的 H 面和 W 面投影(见图(c))。
4. 完成作图(见图(d))。

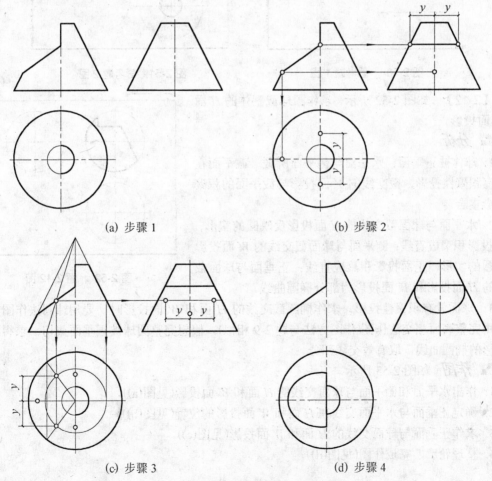

(a) 步骤1   (b) 步骤2

(c) 步骤3   (d) 步骤4

图 2-49 题 2-11 作图过程

■ 题后点评

1. 弄清圆锥被平面截切产生交线的五种情况，掌握五种截交线的作图方法，是正确求作圆锥截割体的必备条件。
2. 作图前分析截平面与圆锥轴线之间的关系，明确截交线的形状，确定求作截交线的方法，是正确作图的必经之路。
3. 举一反三，触类旁通，突破思维的定式，摆脱习惯思维的束缚，求作曲线截交线时，仍然可用面上取点的方法作图，但要注意的是曲表面上不能随意画线。

■ 举一反三思考题

1. 如图 2-50 所示，完成圆锥截割体的 H 面和 W 面投影。
2. 如图 2-51 所示，完成切槽圆锥的 H 面和 W 面投影。

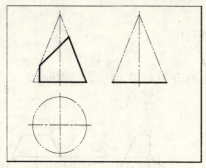

图 2-50　思考题 1 图

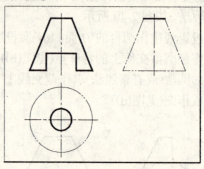

图 2-51　思考题 2 图

【2-12】 如图 2-52 所示，求作圆球截割体的 H 面和 W 面投影。

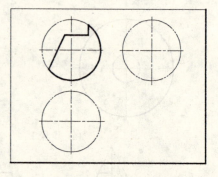

图 2-52　题 2-12 图

■ 分析

1. 球体被正垂面、水平面与侧平面所截，截平面在 V 面有积聚性投影，截交线的 V 面投影与截平面的积聚性投影重合。
2. 水平面与球面截交线的 H 面投影反映圆的实形，W 面投影积聚成直线；侧平面与球面截交线的 W 面投影反映圆的实形，正面投影积聚成直线；正垂面与球面截交线的 H 面投影和 W 面投影为部分椭圆曲线。
3. 球面没有积聚性投影，求作椭圆截交线的 H 面和 W 面投影时，要用纬圆法作图。也可采用完整表面相交法作图(作图方法与题 2-9 相似)。假想完整圆球被正垂面截切，求得截交线投影的椭圆曲线，取有效交线部分。

■ 作图　如图 2-53 所示。

1. 作出水平面和侧平面与球面交线的 H 面和 W 面投影(见图(a))。
2. 确定正垂面与水平面交线在 H 面和 W 面投影的位置(见图(b))。
3. 求作正垂面与球面交线的 H 面和 W 面投影(见图(c))。
4. 整理轮廓，完成作图(见图(d))。

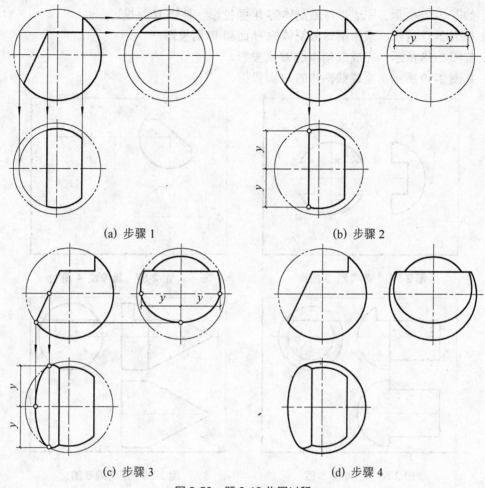

图 2-53 题 2-12 作图过程

■ 题后点评

曲面不同，取点的方法也是各不相同的。球面是连续的光滑的，球面上没有直线，球面取点只能用纬圆法完成。

■ 举一反三思考题

1. 如图 2-54 所示，完成半球截割体的 V 面和 W 面投影。
2. 如图 2-55 所示，完成半球截割体的 V 面投影，补作 W 面投影。

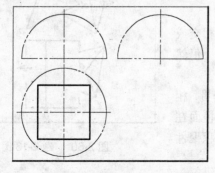

图 2-54 思考题 1 图

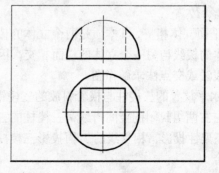

图 2-55 思考题 2 图

3. 如图 2-56 所示，完成半球截割体的 W 面投影，补作 H 面投影。
4. 如图 2-57 所示，求作圆球截割体的 H 面和 W 面投影。
5. 如图 2-58 所示，完成截割体的 H 面投影。
6. 如图 2-59 所示，完成截割体的 H 面投影。

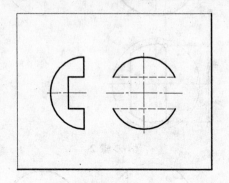

图 2-56　思考题 3 图

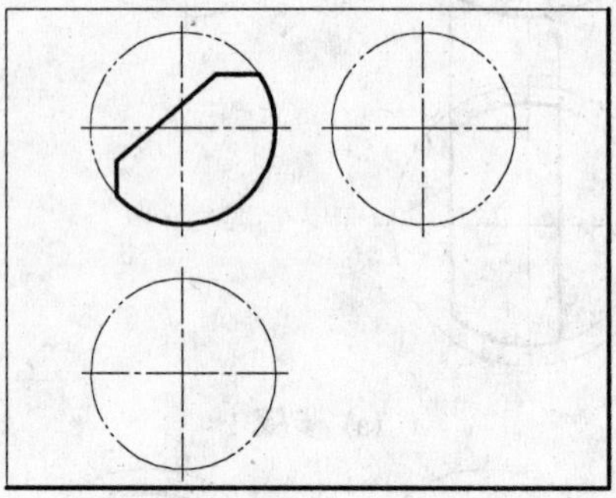

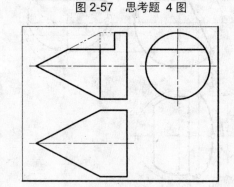

图 2-57　思考题 4 图

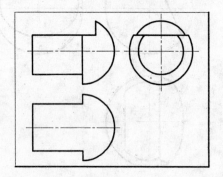

图 2-58　思考题 5 图

图 2-59　思考题 6 图

2.4.5　平面立体与平面立体相交

两平面立体相交，求交线，可采用交点法，即求出参与相交棱线与棱面的交点，并将各交点依次相连成直线，即为所求相贯线；也可采用交线法，即求出参与相交棱面与棱面的交线，并判断其可见性，即为所求。

【2-13】　如图 2-60 所示，求作三棱柱与三棱锥的表面交线。

分析

1. 平面立体相贯，其本质是两个立体的棱面相交或一个立体的棱线与另一个立体的棱面相交，因此，仍然采用交线法或交点法求解作图。

2. 水平放置的三棱柱与横着斜放的三棱锥全贯，相贯线为左右两组封闭的空间折线。三棱柱的三个棱面在 V 面有积聚性投影，相贯线的 V 面投影三棱柱的积聚性投影重合。

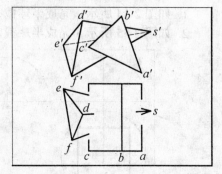

图 2-60　题 2-13 图

3. 三棱锥的三条棱线分别从三棱柱的三个棱面贯穿，有六个交点。这六个交点的 V 面投影已知，根据点的投影规律，可作出六个交点的 H 面投影。

4. 三棱柱的棱线 C 从三棱锥的棱面 SDF 和棱面 SEF 贯入穿出，有两个交点。三棱锥的棱面在投影图上没有积聚性投影，因此棱线 C 与棱锥面 SDF 和 SEF 的两个交点需要作辅助线完成。

本题适合采用交点法求作八个交点。

■ *作图*　如图 2-61 所示。

1. 根据"长对正"的投影规律，在 H 面三棱锥三条棱线上求得点 1、2、3、4、5、(6)（见图(a)）。

2. 延长直线 $b'c'$ 分别与直线 $d'f'$、$e'f'$ 相交，过交点向下作竖直线在 H 面棱线 C 上求得点 7 和点(8)（见图(b)）。

3. 把同一棱面上的点连成直线，并判断其可见性（见图(c)）。

4. 整理轮廓线，完成全图（见图(d)）。

■ *题后点评*

求作相贯线，要弄清因果关系。"因"是两立体相交有交线产生，而平面立体相交的交线是若干条直线围成的折线；"果"是要求作这些折线，一条折线是两个相交棱面的交线，折点却是相交棱线与棱面的交点。点在平面上，必定经过平面上的一条直线，这条直线可以是该平面上的任意直线。线面相交求交点的方法也被用来求作平面立体相贯线。

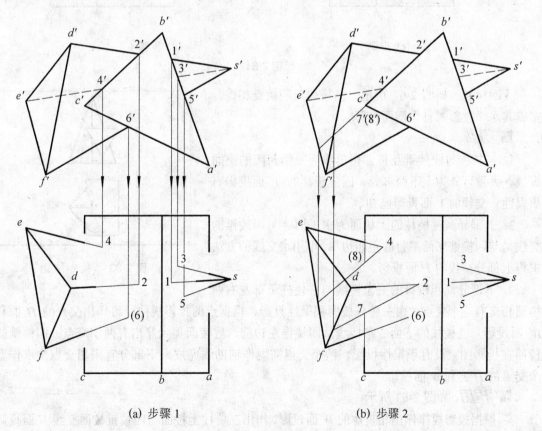

(a) 步骤 1　　　　　(b) 步骤 2

图 2-61　题 2-13 作图过程

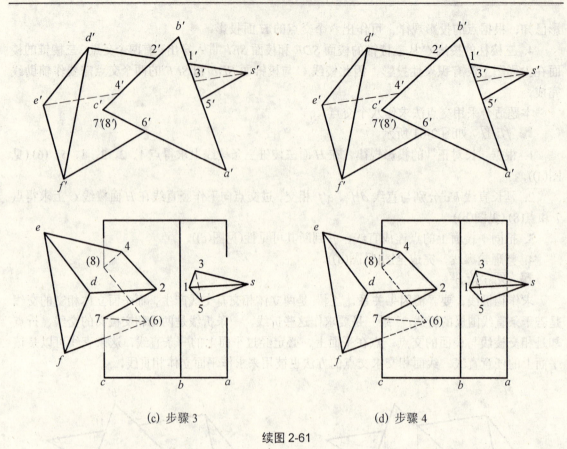

(c) 步骤 3　　　　　　　　　　　(d) 步骤 4

续图 2-61

【2-14】 如图 2-62 所示，三棱柱与四棱锥相贯，完成其水平投影，补作侧面投影。

■ *分析*

1. 三棱柱与四棱锥互贯，相贯线为一组封闭的空间折线，大致可分为上下两部分。因三棱柱的 V 面投影有积聚性，交线的 V 面投影已知。

2. 上部分，三棱柱的上棱面为水平面，与四棱锥的交线是与四棱锥底面平行的正四边形，可用求交线的方法求得上部分交线的 H 面投影。

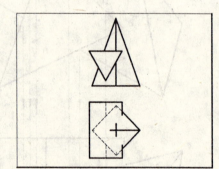

图 2-62　题 2-14 图

3. 下部分，四棱锥的三条棱线与三棱柱下部左右两棱面相交有三个交点，由三棱柱棱面积聚性投影，根据点的投影规律，可作出交点的 H 面和 W 面投影。三棱柱的下面一条棱线从四棱锥左边前、后棱面贯入穿出有两个交点，四棱锥的棱面在投影图上没有积聚性投影，两个交点需要作辅助线完成。下部分宜采用交点法求作五个交点的 H 面和 W 面投影。

■ *作图* 如图 2-63 所示。

1. 根据投影规律作出相贯体的 W 面投影，作出三棱柱上棱面与四棱锥棱面交线 H 面投影（见图(a)）。

2. 作出四棱锥三条棱线与三棱柱棱面相交的三个交点的 H 面和 W 面投影(见图(b))。
3. 作出三棱柱下面棱线与四棱锥棱面相交的两个交点的 H 面和 W 面投影(见图(c))。
4. 把同一棱面上的点连成直线，并判断其可见性，整理相贯体的轮廓线，完成作图(见图(d))。

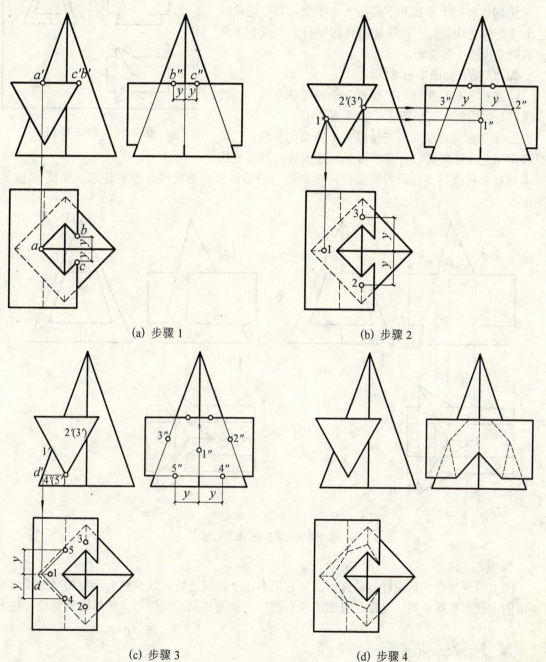

(a) 步骤 1　　　　　　　　　　　(b) 步骤 2

(c) 步骤 3　　　　　　　　　　　(d) 步骤 4

图 2-63　题 2-14 作图过程

【2-15】　如图 2-64 所示，求作四棱柱与三棱锥的表面交线。

■ *分析*

1. 四棱柱与三棱锥全贯，相贯线为左右两组封闭的空间折线。四棱柱 W 面投影有积聚性，交线的 W 面投影已知。

2. 四棱柱的上顶面和下底面为水平面，与三棱锥的三个棱面的交线是与三棱锥底面各边平行的直线。本题宜采用交线法作图求解。

■ *作图*　如图 2-65 所示。

1. 求作四棱柱顶面与三棱锥三个棱面的交线，三段交线都与三棱锥底面平行且可见(见图(a))。

2. 求作四棱柱底面与三棱锥三个棱面的交线，三段交线都与三棱锥底面平行且不可见。连四棱柱顶部棱线折点与底部棱线折点，即得四棱柱两侧棱面与三棱锥棱面的交线。整理轮廓，完成作图(见图(b))。

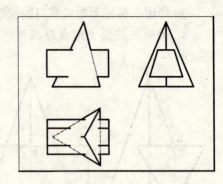

图 2-64　题 2-15 图

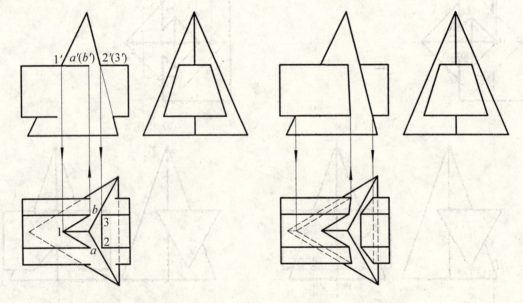

(a) 步骤 1　　　　　　(b) 步骤 2

图 2-65　题 2-15 作图过程

■ *题后点评*

以上两题讨论的是棱柱与棱锥相交，它们有一个共同之处，即棱柱上参与相交的棱面与棱锥的底面有平行关系、又都是投影面平行面，用平面相交求交线的方法解题更简捷、更方便。

■ *举一反三思考题*

1. 如图 2-66 所示，求作三棱锥与三棱柱的表面交线。
2. 如图 2-67 所示，求作四棱柱与四棱锥的表面交线。

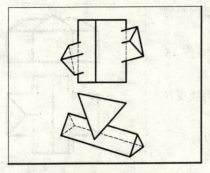

图 2-66 思考题 1 图

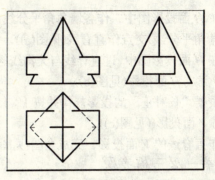

图 2-67 思考题 2 图

2.4.6 同坡屋面交线

【2-16】 如图 2-68 所示,已知同坡屋面四周屋檐的水平投影及各屋面的坡度为 1∶1.5,作出同坡屋面的 H 面和 V 面投影。

■ *分析*

1. 四面排水的屋面,因为每一屋面的坡度都是相同的,所以屋脊线的水平投影为两平行檐口线的平分线,斜脊线的水平投影为相邻两檐口线的角分线,与檐口线成 45°角。

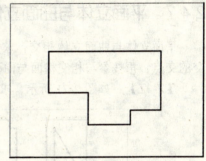

图 2-68 题 2-16 图

2. 根据房屋各部分屋面跨度的不同,可判断三条屋脊线不会相交,但不同方向的坡屋面两两相交后,在屋面上必会三条交线交会于一点——三面共点。

3. 根据同坡屋面的投影特性及投影图的作图顺序,先作出 H 面投影,再作出 V 面投影。

■ *作图* 如图 2-69 所示。

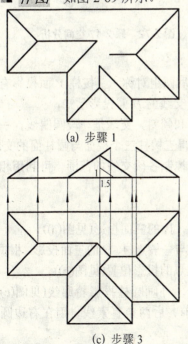

(a) 步骤 1

(c) 步骤 3

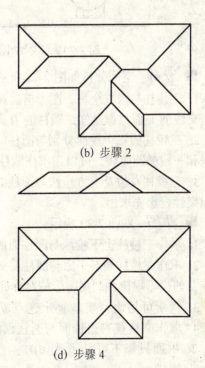

(b) 步骤 2

(d) 步骤 4

图 2-69 题 2-16 作图过程

1. 在 H 面投影图中，作各墙角角平分线，过两斜脊线(凸墙角角平分线)交点作直脊线(见图(a))。

2. 在 H 面投影图中，过直脊线与天沟线的交点作 45°斜脊线，完成 H 面投影(见图(b))。

3. 根据"长对正"的投影规律并按 1∶1.5 的坡度作出坡面的 V 面投影((见图(c))。

4. 作直脊线的 V 面投影，完成全图(见图(d))。

■ *举一反三思考题*

如图 2-70 所示，求作屋面交线。

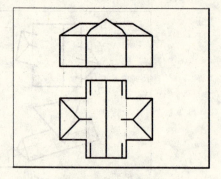

图 2-70　思考题图

2.4.7　平面立体与曲面立体相交

平面立体与曲面立体相交，求交线，可先求出平面立体上参与相交的棱线与曲面立体相交的交点，再按参与相交棱面与曲面立体相交，求曲面立体截交线的方法求作交线。

【2-17】　如图 2-71 所示，求作三棱柱与圆柱的表面交线。

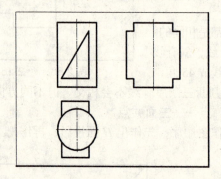

图 2-71　题 2-17 图

图 2-72　题 2-17 空间分析

■ *分析*　空间分析如图 2-72 所示。

1. 三棱柱与圆柱全贯，图形前后对称，相贯线亦前后两组对称。三棱柱 V 面投影有积聚性，交线的 V 面投影已知；圆柱的 H 面投影有积聚性，交线的 H 面投影已知。

2. 三棱柱的三个棱面分别与圆柱的轴线垂直、平行和倾斜，交线是一段圆曲线、一段直素线和一段椭圆曲线，可以用求作圆柱截交线的方法求得三棱柱三个棱面与圆柱面的交线。

3. 三棱柱左边及上方棱线与圆柱面相交的四个交点控制各段交线的范围，可利用相贯体的积聚性投影先求出。

■ *作图*　如图 2-73 所示。

1. 求作三棱柱上下棱线与圆柱面的交点 Ⅰ、Ⅱ、Ⅲ、Ⅳ 的三面投影(见图(a))。

2. 求作三棱柱倾斜平面与圆柱面交线上的特殊点 B 与一般点 A、C 的三面投影。根据"宽相等"的投影规律并利用图形的对称性求作 W 面上相应点的投影位置(见图(b))。

3. 判断可见性，在 W 面上连点成光滑的椭圆曲线，补画圆柱投影轮廓线(见图(c))。

4. 求作三棱柱右边棱面与圆柱面的交线。交线为前、后两条直素线，因在右边圆柱面上，其 W 面投影不可见(见图(d))。

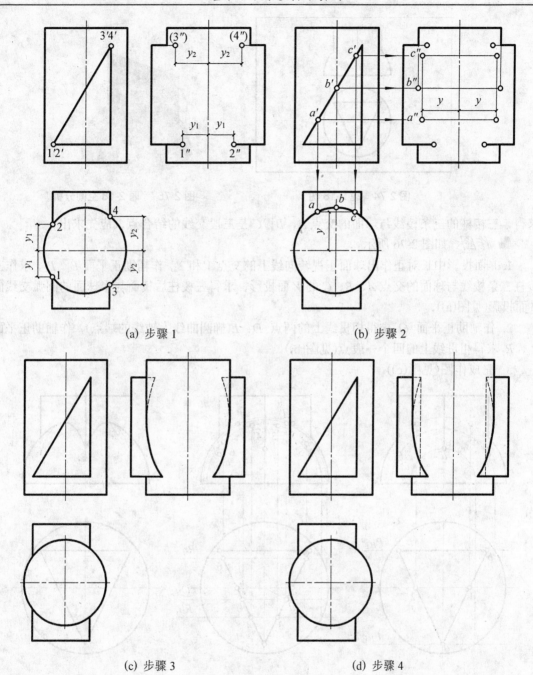

(a) 步骤1 (b) 步骤2

(c) 步骤3 (d) 步骤4

图 2-73 题 2-17 作图过程

【2-18】 如图 2-74 所示，求作三棱柱与半球的表面交线。

分析 空间分析如图 2-75 所示。

1. 三棱柱与半球相交，所形成的相贯线由三段圆弧组成。因三棱柱左右棱面是铅垂面，故左右两段圆弧曲线的 V 面投影成椭圆曲线。三棱柱 H 面投影有积聚性，相贯线的 H 面投影积聚其上，已知，只需求作相贯线 V 面投影。

2. 球面正视转向线上的两点Ⅰ、Ⅱ可直接求得，截交线上的其他点需要采用辅助平面法

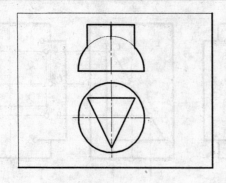
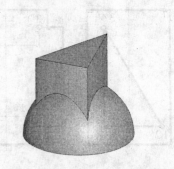

图 2-74　题 2-18 图　　　　图 2-75　题 2-18 空间分析

求得。三棱柱的三条棱线与球面的交点 A、B、C 是三段交线的结合点，应先求出。

■ *作图*　如图 2-76 所示。

1. V 面投影中长对正作出球面正视转向线上的交点 $1'$ 和 $2'$，作辅助正平面 P_1、P_2，求作三棱柱三条棱线与球面的交点 A、B、C 的 V 面投影，求得三棱柱后棱面与半球面的圆弧交线的 V 面投影(见图(a))。

2. 作辅助正平面 Q 求得相贯线上的两点 D、E(椭圆曲线上轴线的端点)，作辅助正平面 R_1、R_2 求得相贯线上的四个一般点(见图(b))。

3. 完成作图(见图(c))。

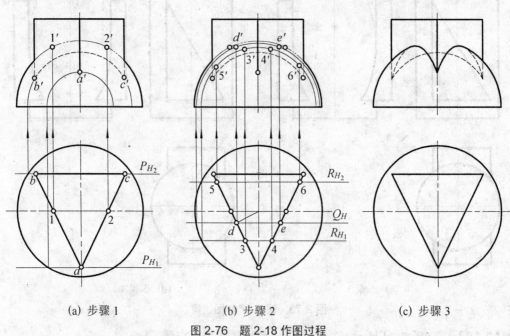

(a) 步骤 1　　　　(b) 步骤 2　　　　(c) 步骤 3

图 2-76　题 2-18 作图过程

【2-19】　如图 2-77 所示，求圆锥与坡屋面的表面交线。

■ *分析*　空间分析如图 2-78 所示。

1. 圆锥与坡屋面相交的立体前后对称。坡屋面由前后屋面(侧垂面)、左侧屋面(正垂面)组成。圆锥轴线通过三屋面交点，底面圆与屋檐线相切。相贯线由三段截交线——椭圆线(屋面斜切圆锥面)组成，其中相贯线上的特殊点有底面圆与三条屋檐线的三个相切点和两条斜屋脊线与圆锥面的两个交点。

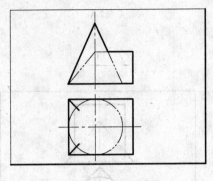

图 2-77 题 2-19 图

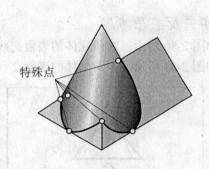

图 2-78 题 2-19 空间分析

2. 根据立体表面的积聚性投影可直接作出切点Ⅰ、Ⅱ、Ⅲ和点Ⅳ，斜脊线与圆锥面的交点可通过求一般位置直线与圆锥面的贯穿点而获得，其他一般点可运用辅助平面法求得。

■ *作图*   如图 2-79 所示。

1. 根据立体表面的积聚性投影可直接作出切点Ⅰ、Ⅱ、Ⅲ和点Ⅳ(见图(a))。
2. 包含前斜脊线作铅垂面 P，求该斜脊线与圆锥面的交点Ⅴ及对称点Ⅵ(见图(a))。
3. 作辅助水平面 R_1、R_2 与圆锥面相交求得相贯线上的一些一般点，其中水平面 R_1 选在侧垂椭圆面的 1/2 处(见图(b))。
4. 完成作图(见图(c))。

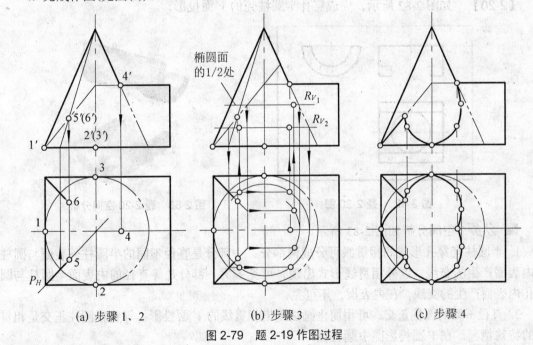

(a) 步骤 1、2　　　　(b) 步骤 3　　　　(c) 步骤 4

图 2-79 题 2-19 作图过程

■ *题后点评*

1. 以上三题均属于解决平面立体与曲面立体相贯问题类型的习题，求作平面立体与曲面立体相贯线的实质是求作曲面立体的截交线。

2. 在求这类相贯线时，先分析清楚结合点，再判明各段截交线的性质，最后根据立体的特点作图。

■ *举一反三思考题*

1. 如图 2-80 所示，求两立体的表面交线。
2. 如图 2-81 所示，求两立体的表面交线。

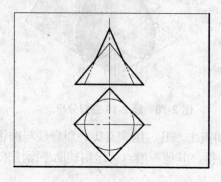

图 2-80 思考题 1 图

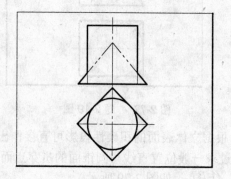

图 2-81 思考题 2 图

2.4.8 曲面立体与曲面立体相交

求作曲面立体相贯线，应先求出相贯线上的若干点，再连点成光滑曲线。方法有表面取点法、辅助平面法、辅助球面法。

【2-20】 如图 2-82 所示，完成穿孔半圆柱壳的 V 面投影。

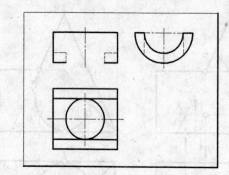

图 2-82 题 2-20 图

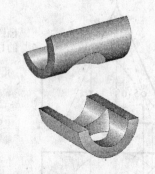

图 2-83 题 2-20 空间分析

■ *分析* 空间分析如图 2-83 所示。

1. 半圆柱壳穿孔形成的相贯线可分成两部分：一部分是直径不同的半圆柱外表面与圆柱孔内表面产生的交线，以外相贯线形式出现，可见；另一部分是等直径的内表面半圆柱与圆柱孔内表面产生的交线，在内表面，不可见。

2. 直径不等的圆柱正交，可用简化画法画出相贯线的 V 面投影；等直径圆柱正交是相贯线的特殊情况，在 V 面投影图中画直线。

■ *作图* 如图 2-84 所示。

1. 求作外表面相贯线。取相贯体中大圆柱半径画圆弧，即为所求相贯线的 V 面投影（见图 (a)）。

2. 求作内表面相贯线。在 V 面投影中，过两圆柱轴线交点作虚线分别与圆柱孔内表面轮廓线交点相连，完成作图(见图(b))。

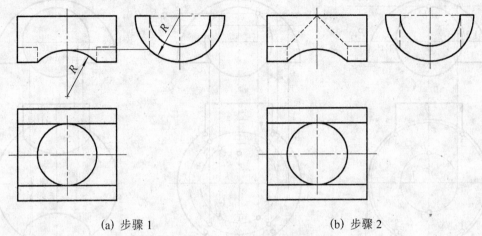

(a) 步骤 1　　　　　　(b) 步骤 2

图 2-84　题 2-20 作图过程

■ **题后点评**

1. 多进行实物到图形的思维训练，弄清相贯线的三种表现形式(形体外表面相贯、形体内表面与外表面相贯、形体内表面相贯)，建立实体相贯与空体相贯的对应关系，理解特殊相贯线及其投影作图方法，是求作这一类型相贯线的有效途径。

2. 勤于思考、善于分析，把日常生活中所见实物(三通管)与模型联系起来，掌握曲面立体相贯线的作图方法，是求作曲面体贯线的关键所在。

【2-21】 如图 2-85 所示，求作半圆球与圆柱的相贯线。

■ **分析**

1. 交线由两部分组成：一部分是圆柱面与球面相贯形成的空间曲线，另一部分是半球底平面与圆柱面相交形成的截交线。

2. 圆柱面的 V 面投影有积聚性，相贯线的 V 面投影积聚其上，已知。求作相贯线的 H 面投影需要采用辅助水平面求解作图。

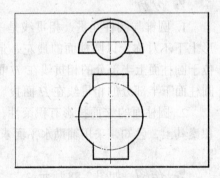

图 2-85　题 2-21 图

■ **作图**　如图 2-86 所示。

1. 采用辅助水平面 P_1、P_2，求得相贯线上的特殊点 A、B 及 Ⅰ、Ⅱ、Ⅲ、Ⅳ 的 H 面投影 a、b 两点和 1、2、3、4 四点(见图(a))。

2. 采用辅助水平面 S_1、S_2，求作相贯线上若干个一般点的 H 面投影(见图(b))。

3. 半球底平面与圆柱轴线平行，交线为两条与圆柱轴线平行的直素线(不可见)，根据"长对正"的投影规律，在 H 面投影中作出两条直素线。判断其可见性，连点成光滑曲线，整理轮廓，完成相贯线的 H 面投影(见图(c))。

■ **题后点评**

相贯线是两个立体表面共有的，求作曲面体相贯线的实质是求作曲面体表面上的点，应该熟悉和掌握在基本曲面立体表面取点的方法,以便能够正确的求解作图。

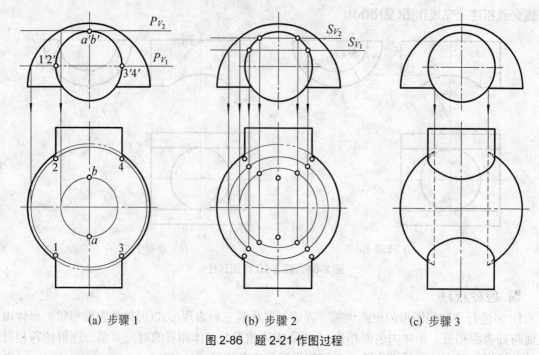

(a) 步骤1　　　　　(b) 步骤2　　　　　(c) 步骤3

图 2-86　题 2-21 作图过程

【2-22】 如图 2-87 所示,求作圆锥与圆柱的相贯线。

■ **分析**

1. 圆锥与圆柱互贯,相贯线是一组空间曲线。因图形上下不对称,以圆柱面的最左、最右素线为分界线,位于圆柱面上半部分的相贯线在 H 面投影中可见,位于圆柱面下半部分的相贯线在 H 面投影中不可见。

2. 圆柱面的 V 面投影有积聚性,相贯线的 V 面投影积聚其上,已知。采用辅助水平面求作相贯线的 H 面投影。

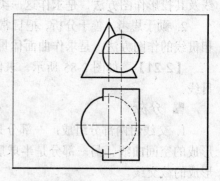

图 2-87　题 2-22 图

■ **作图** 如图 2-88 所示。

1. 采用辅助水平面 P_1、P_2,求作位于圆锥面的前、后素线上的四个点和最右素线上的两个点的 H 面投影(见图(a))。

2. 采用辅助水平面 Q_1、Q_2,求作位于圆柱面最下素线上的两个点和最左素线上的两个点的 H 面投影(见图(b))。

3. 采用辅助水平面 S_1、S_2,求作相贯上线的一般点(见图(c))。

4. 判断其可见性,连点成光滑曲线,整理轮廓,完成相贯线的 H 面投影(见图(d))。

■ **题后点评**

用辅助平面法求作相贯线上的若干点,其实质仍然是曲面立体表面取点,应注意分析相贯线上的特殊点,分析相贯线在 H 面投影中的可见性。

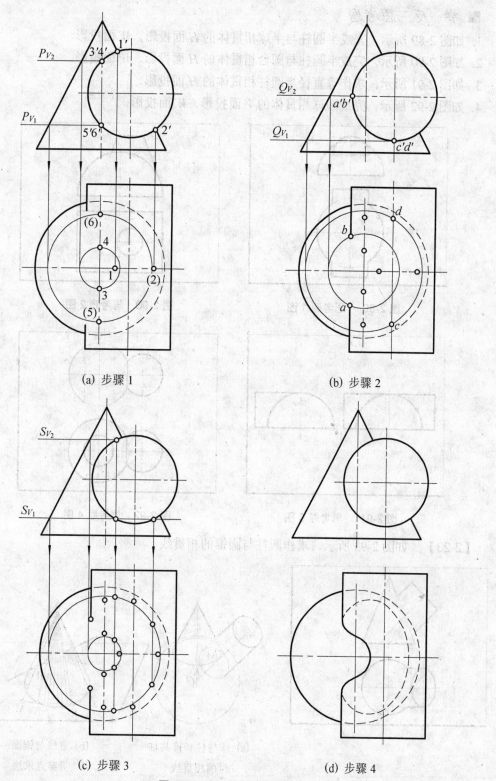

图 2-88 题 2-22 作图过程

■ **举一反三思考题**

1. 如图 2-89 所示，完成半圆柱与半球相贯体的 H 面投影、W 面投影。
2. 如图 2-90 所示，完成半圆柱与圆台相贯体的 H 面投影、W 面投影。
3. 如图 2-91 所示，求作等直径半圆柱相贯体的 H 面投影。
4. 如图 2-92 所示，完成圆球相贯体的 V 面投影、W 面投影。

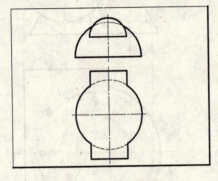

图 2-89　思考题 1 图

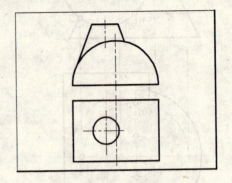

图 2-90　思考题 2 图

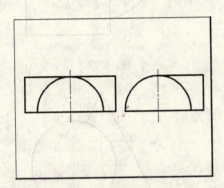

图 2-91　思考题 3 图

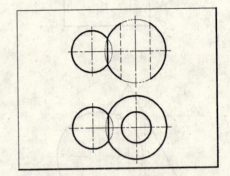

图 2-92　思考题 4 图

【2-23】　如图 2-93 所示，求作圆柱与圆锥的相贯线。

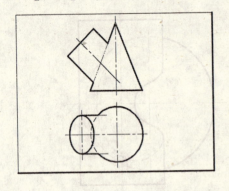

图 2-93　题 2-23 图

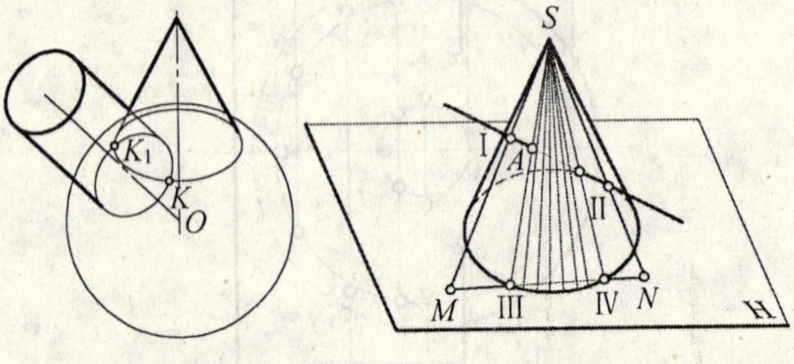

(a) 球与柱和锥共轴时的相贯线　　(b) 直线与锥面贯穿点求法

图 2-94　题 2-23 作图原理的空间分析

■ **分析** 作图原理的空间分析如图 2-94 所示。

1. 斜圆柱与圆锥相交的立体没有积聚性投影,相贯线的两面投影都待求。本题不适宜采用辅助平面求作相贯线。

2. 相交两立体都是回转体,它们的轴线相交并且都平行于 V 面,可采用同心辅助球面法求作相贯线上的若干点来求解作图,作图原理的空间分析如图 2-94(a)所示。

3. 斜圆柱最前、最后素线与圆锥面的交点可通过求一般线与圆锥面的贯穿点而获得(见图 2-94(b))。

■ **作图** 如图 2-95 所示。

1. 过斜圆柱最前素线并包含锥顶作一般位置平面为辅助平面,求得斜圆柱最前素线上的贯穿点 A 的两面投影,利用对称性得最后素线上的贯穿点 B 的两面投影(见图(a))。

2. 在 V 面投影中,确定辅助球面的最小半径 R_1 和最大半径 R_2,在这两个半径之间取两个适当的辅助球面半径,求得 e'、c'、d'、k',并连接各点成光滑曲线(见图(b))。

3. 采用纬圆法,在 H 面投影中求得 e、c、d、k,并利用对称性求得相贯体后半部分上对应的各点。判断其可见性,连接各点成光滑的曲线(见图(c))。

4. 完成作图(见图(d))。

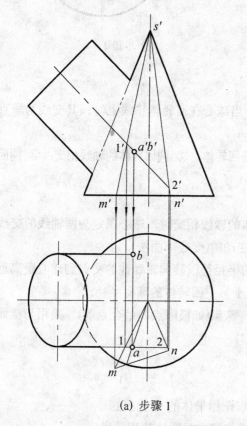
(a) 步骤1

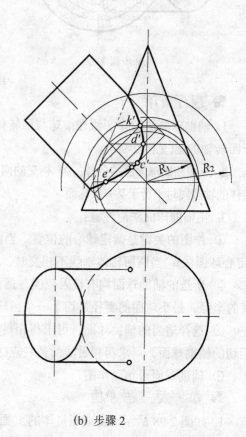
(b) 步骤2

图 2-95 题 2-23 作图过程

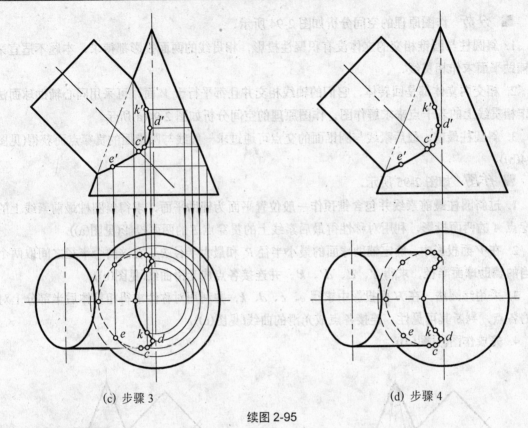

(c) 步骤 3　　　　　　　　　　　　　(d) 步骤 4

续图 2-95

■ 题后点评

1. 辅助球面法的作图原理：球与回转体相交，当球心在回转体轴线上时，其交线为垂直于回转轴的圆(见图 2-96)。

2. 应用辅助球面法的条件：① 相交的两立体都是回转体；② 两回转体的轴线相交；③ 两回转体的轴线同时平行于某一投影面。

3. 用辅助球面法应注意：

① 作图的关键是确定球心的位置。当两回转体的轴线相交时，球心固定为两轴线的交线(定心球面法)；当两回转体轴线不相交时，球心为变动的(变心球面法)。

② 所选的辅助球面均有极限范围。最大球面的半径是以转向轮廓线的交点到球心距离远者的半径，最小球面的半径是切于一个回转体、交于另一回转体的球面半径。

③ 选择适当的辅助球面，可求得相贯线上的特殊点(如极限点、结合点等)。采用与锥面相切的辅助球面，可求得相贯线的最右点(见图 2-97)。

④ 辅助球面可单面作图。

■ 举一反三思考题

1. 如图 2-98 所示，完成相贯体的 V 面投影，求作相贯体的 W 面投影。

2. 如图 2-99 所示，根据单面投影，用球面法求作相交两圆柱的相贯线。

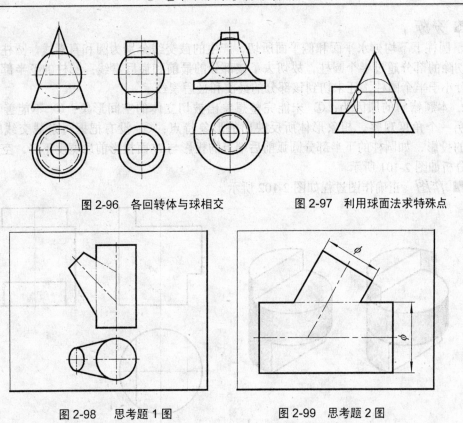

图 2-96　各回转体与球相交　　　图 2-97　利用球面法求特殊点

图 2-98　思考题 1 图　　　图 2-99　思考题 2 图

2.5　常见错误剖析

【2-24】　如图 2-100 所示，已知被切圆柱的两投影，补画侧面投影。

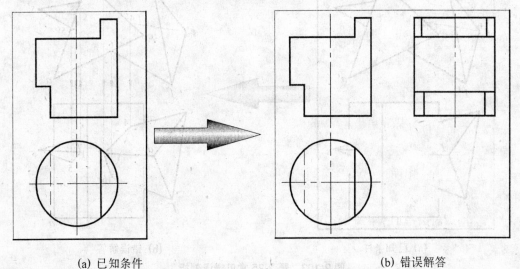

(a) 已知条件　　　(b) 错误解答

图 2-100　题 2-24 常见错误剖析

■ *分析*

1. 圆柱上下均被水平面和侧平面所切，产生的截交线分别为圆和直素线。圆柱的上半部分，切除的部分超过半个圆柱，故切去了该部分的最前和最后素线；圆柱的下半部分，切除的部分小于半个圆柱，还未切到该部分的最前和最后素线。

2. 本题错解的原因为：① 未能完整想象出被切立体的空间形象；② 不能善于改变视角从另一个角度观察、想象形体所反映出的形象特点；③ 没有把握每条截交线的起点和终点的投影，如圆柱的下半部分圆弧前后端点的投影与 H 面投影前后宽度不符。空间想象及错误分析如图 2-101 所示。

■ *作图* 正确作图过程如图 2-102 所示。

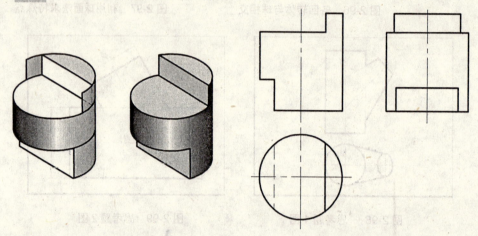

图 2-101 题 2-24 空间想象及错误分析　　　图 2-102 题 2-24 正确作图过程

【2-25】 如图 2-103 所示，求作三棱柱与三棱锥的表面交线。

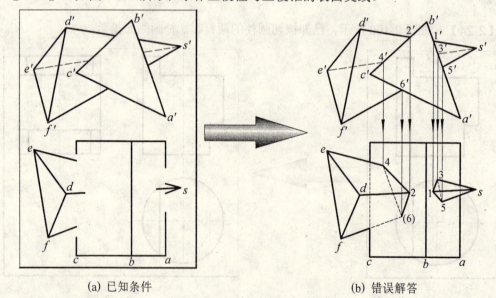

(a) 已知条件　　　　　　　　　　(b) 错误解答

图 2-103 题 2-25 常见错误剖析

■ *分析*

1. 三棱锥的三条棱线分别从三棱柱的三个棱面贯穿，有六个交点。三棱柱的棱线 C 从三棱锥的棱面 SDF 贯入，从棱面 SEF 穿出，有两个交点。应该分析找出八个交点的 V 面投影，求作八个交点的 H 面投影。

2. 本题错解的原因为：① 定式思维带来的弊病，不能把前面所学知识用于本题的思考、分析与解题中。② 不能正确分析参与相交的棱线与棱面。显性的三棱锥三条棱线与三棱柱棱面相交的六个交点，在 V 面投影中可以直观看出，H 面投影容易求作。三棱柱棱线 C 与三棱锥两个棱面相交的两个交点，隐含在 V 面投影中与棱线 C 重合积聚在一起，容易忽略，故没能求出。③ 没有利用辅助直线求作线面交点。又因三棱锥上与棱线 C 相交的两个棱面是一般位置平面，求作线面的交点需要用到辅助直线求解。

解题思路与正确作图过程参看题 2-13。

【2-26】 如图 2-104 所示，求作三棱柱与圆柱的表面交线。

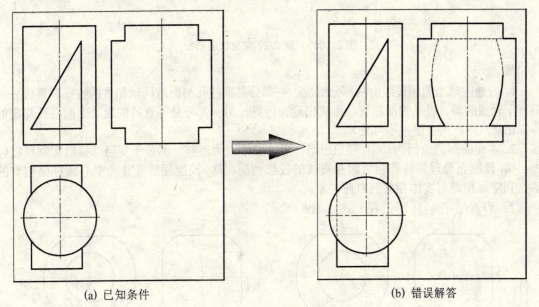

(a) 已知条件　　　　　　　　　　　　(b) 错误解答

图 2-104　题 2-26 常见错误剖析

■ 分析

1. 三棱柱的三个棱面分别与圆柱的轴线倾斜、垂直、平行，交线由椭圆曲线、圆曲线和直素线三部分圆柱面截交线组成，应分别求作这三部分截交线的 W 面投影。

2. 本题错解的原因为：① 掉进繁杂思维的陷阱，没有把复杂问题简单化。只看见这是两个立体相贯，没有分解三棱柱的三个棱面分别与圆柱相交，故没认识到解题仅需求作三段截交线即可，从而在图中漏掉三棱柱上与圆柱轴线平行的平面与圆柱面的交线。② 没能分清实体相贯的相贯线位置。两实体相贯，相贯部分融为一体，相贯线只在其相交的表面，三棱柱的三条棱线分别在与圆柱贯穿的两交点之间是没有线的。③ 没有注意圆柱的最前、最后的轮廓素线与三棱柱倾斜平面相交的位置，故没有补画出该圆柱面上最前、最后的轮廓素线。

解题思路与正确作图过程参看题 2-17。

【2-27】 如图 2-105 所示，补全四通圆球的三面投影。

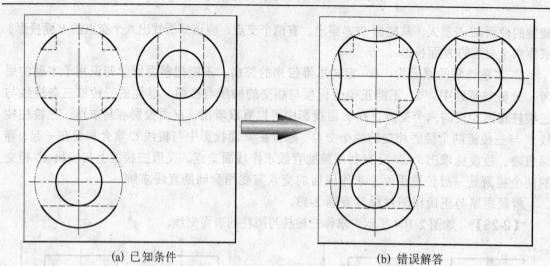

(a) 已知条件　　　　　　　　(b) 错误解答

图 2-105　题 2-27 常见错误剖析

■ 分析

1. 四通圆球上的相贯线由两部分组成：一部分是圆柱孔与圆球同轴相贯的特殊相贯线——垂直于轴线的圆，以外表面相贯线形式出现，可见；另一部分是等直径的内表面圆柱孔相贯的特殊相贯线，在内表面，不可见。

2. 本题错解的原因为：① 联想思维、形象思维能力不够，不善于变通，接触实物模型较少；② 没能充分理解特殊相贯时相贯线的投影情况；③ 没能理解等直径空心圆柱面相贯的特点和空体相贯与实体相贯的对应关系。

■ 作图　正确作图过程如图 2-106 所示。

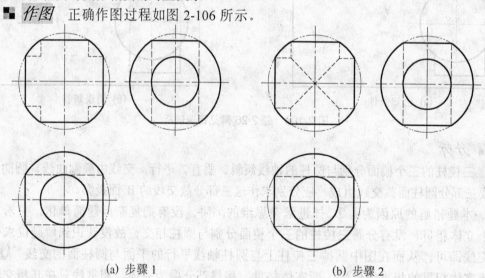

(a) 步骤 1　　　　　　　　(b) 步骤 2

图 2-106　题 2-27 正确作图过程

1. 求作内圆柱面与球面的相贯线。轴线铅垂的圆柱面在 H 面上投影为圆，相贯线与之重合，相贯线的 V 面和 W 面投影为与轴线垂直的水平直线。轴线侧垂的圆柱面在 W 面上投影为圆，相贯线与之重合，相贯线的 V 面和 H 面投影为与轴线垂直的铅垂直线(见图(a))。

2. 求作内表面相贯线。等直径内表面圆柱相贯，是特殊情况。在 V 面投影中，过两圆柱轴线交点作虚线分别与圆柱孔内表面轮廓线交点相连(见图(b))。

3 组合体的读图训练

3.1 学习目的

组合体是基本体与工程体之间的重要连接纽带。学习本部分的目的，主要是让读者从形象思维的角度，将头脑中积累的被加工改造(截切、叠加、相交等)过的基本体的表象加以整理，并重新组合应用；通过反复的读图训练，由平面图形到空间形象对应的构形思考和由空间形象到平面图形的绘制表达，在思考具体形体对象的过程中，形成联想、猜想、想象等思维方法，使思路更加灵活多变，思维更加流畅和具有独创性。读图训练不仅可促进空间想象能力和投影分析能力的提高，还能充分调动读者的潜思维，挖掘自身潜在的能力，实现对思维惯性的突破，提出超常或反常的新思路，使主动实践活动更富创造性。这些对培养读者的综合能力都有着重要的意义。

3.2 图学知识提要

由基本几何体按一定的相对位置经过叠加或切割等方式组合而成的立体称为组合体。

3.2.1 组合体的分类

1. 组合类

组合类组合体由几个基本体组合而成，其组合形式为：

(1) 叠加　几个基本体简单叠合。

(2) 相切　两基本体表面光滑过渡，即相切，相切处不画分界线。

(3) 相交　基本体之间表面相交，此时除表达基本的投影外，还应该画出各基本体表面之间产生交线的投影。

2. 切割类

切割类组合体是由简单形体通过切割或钻孔而成的立体。

3.2.2 形体分析法

分析一个组合体由哪些基本体组成以及如何组合的思维过程，称为形体分析法。形体分析法是最基本又很重要的分析方法，在画图、看图、标注尺寸中应用较多。

3.2.3 组合体的画法

1. 形体分析

假想把组合体分解为若干个基本体或作过简单截切的形体，分析确定各基本体之间的组合形式、相邻表面间的相互位置及连接关系的方法称为形体分析法。

形体分析法的分析过程是：先分解后综合，从局部到整体。我们在运用形体分析法的过程中，首先把一个复杂的、陌生的形体分解为若干个基本体，然后在认知一个个简单的、熟悉的对象的基础上，在头脑中逐渐形成完整的空间形象。这是一种化难为易、化繁为简的思维过程，也是画图、读图的基本分析方法。

2. 组合体的画法

简单的组合体只需用两个或三个视图表达其形象即可。但对于内外形状结构都很复杂的组合体，除了需要用多个视图来表达其外形之外，还要根据其特点，采用不同的表达方式来表达其内部结构。各种画法分类及特点如下：

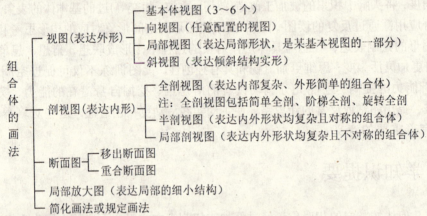

不管组合体的内外形状如何复杂，画出它们的平面图形的关键，是掌握组合体的分解、组合的方式和熟悉各基本体的投影特点，利用图与物之间的对应关系来思考、分析组合体的构成与适当的表达方法。

3.2.4 组合体的读图方法

根据给出的视图想象出它所表示的形体的空间形状，这一过程称为组合体的读图。读图的过程实质上是运用投影规律和投影特性，对视图进行分析的过程，读图中运用的分析方法常以形体分析法和线面分析法为主，其他分析法(如拉伸法等)为辅。

1. 形体分析法

读图时，常从最能反映物体形状特征的视图入手，初步分析组成物体的基本体及其组成方式，然后根据投影规律，逐个找出各基本体在其他视图上的投影，进而确定出每个基本体的形状以及它们之间的相对位置关系，最后综合想象出整个物体的形状。

画图时，形体分析是将立体假想分解；读图时，形体分析是则是将视图假想分解。

读图基本步骤如下：

◆ **分线框** 根据视图的特点，把视图按封闭的线框分解为若干实线框或虚线框。

◆ 对投影、识形体　根据"长对正、高平齐、宽相等"的投影规律及线框对应的各投影，按基本体的投影特性来分析判断，分离各基本体，想象出它们各自的结构形状。
◆ 定位置　分析并想象各基本体之间的相对位置及各表面的组合关系。
◆ 综合起来想整体　综合、归纳、想象出物体的整体形状。

2. 线面分析法

从投影图中根据物体表面的线(棱线或曲线)和面的形状以及它们之间的相对位置，来分析物体形状特点的方法，称为线面分析法。用线面分析法读图的关键是，分析视图中的每一个封闭线框和每一条线所表示的空间意义，分析视图中线框所表示的面的性质、形状，以及相邻线框的相对位置、交线的特点等。在分析中应注意以下几个方面。

(1) 分析面的形状　画法几何中总结了平面的投影规律：当平面平行于投影平面时，其投影反映实形；当平面倾斜于投影平面时，其投影一定是它的一个类似形；当平面垂直于投影平面时，其投影积聚为一条直线。这三条规律可以归纳为：平面的投影如果不积聚为一条直线，则至少是它的类似形。

单个平面的投影满足以上投影规律，作为立体的某一表面的平面其投影也仍然符合该规律。又由于立体由表面围合，因此，看组合体视图时如果能注意到这条投影规律，就能很快分析出该平面的形状，进而看懂整个立体。

(2) 分析各面间的相对位置关系　视图上任何相邻封闭两线框必定是：
◆ 物体上的相交两面；
◆ 离观察者远近不同的两个面；
◆ 其中一个线框表示的是通孔或空洞。
这两个相邻线框到底相对位置如何，还需根据其他视图来分析。

(3) 分析各面之间的交线　如视图出现较多的面面交线，会给看图带来困难，这时如能对其交线的性质和画法进行分析，则对看图有很大的帮助。

3. 拉伸法

对于在单一方向有积聚性的柱状体，可从其一个特征视图(端面)沿一定方向(如斜投射方向)拉伸出来，通过拉伸，将某一视图中点、线、线框升维立体化，进而想象立体形状。这种读图的方法称为拉伸法。在使用该法读图时，可对整体进行拉伸，也可对立体的某一局部进行拉伸，包括分层拉伸和分向拉伸。

3.2.5　组合体构形思考

组合体的构形思考，是根据形体的功能要求，对一些不确定的因素进行想象、构思或设计出一种形体，并用一组视图完整地表达出来。

1. 构形思考的一般原则

◆ 组成组合体的各基本体应尽量简单；
◆ 避免两基本体之间以点或线连接；
◆ 各基本体不能分离；
◆ 构思的形体应能加工出来；
◆ 构思的形体应该客观存在。

2. 构形思考的基本方法
◆ 利用形体表面正斜、平曲、凹凸的差异构思出各种组合体；
◆ 通过组合体组合方式的综合性与复杂性的特点构思出不同组合体。

3.3 学习基本要求及重点与难点

● 学习基本要求
(1) 掌握组合体的概念与分类；
(2) 掌握组合体的各种画法；
(3) 掌握组合体的各种表达方式、运用场合和标注方法；
(4) 掌握组合体的读图方法；
(5) 掌握国家标准规定的组合体尺寸的标注方法。

● 重点
(1) 根据组合体的特点用适当的表达方式画出平面图形；
(2) 阅读组合体的平面图。

● 难点
(1) 根据组合体的特点选择适当的表达方式画出平面图形；
(2) 用线面分析法阅读复杂组合体的平面图。

3.4 习题思考方法及解答

【3-1】 如图 3-1 所示，分析视图，想出形体，补画第三视图。

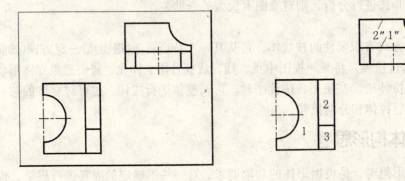

图 3-1 题 3-1 图　　　　图 3-2 题 3-1 划分线框分析

■ 分析
1. 由已知视图将俯视图划分成线框 1、2、3，按"三等"规律对应左视图可知各对应表面的表面状态和相对位置(见图 3-2)。
2. 该组合体左下端被半圆柱面切割，组合体前上端被 1/4 圆柱面切割，因此该组合体是由两个被切割的四棱柱叠加而成的(见图 3-3)。

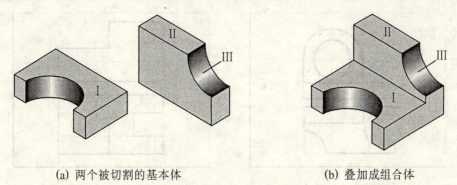

(a) 两个被切割的基本体　　　　　(b) 叠加成组合体

图 3-3　题 3-1 组合体空间分析

3. 两个被切割的四棱柱在叠加时，前后下端平齐，投影没有分界线。
4. 可根据想象出来的形状，分部分按投影关系补画主视图。

■ *作图*　如图 3-4 所示。

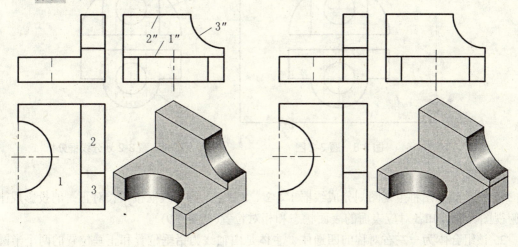

图 3-4　补出主视图　　　　　　图 3-5　常见错误分析

■ *题后点评*

1. 已知两视图补画第三视图(简称"二求三")，是将读图与画图相互结合起来，提高空间想象力和空间分析能力的一种有效方法。在两视图能完全确定物体形状的前提下，若已知两视图要求补画出第三视图，必须在看懂所表达物体形状的基础上进行。因此，应先读懂所给的两视图，并想象出组合体的空间形象，然后再画出所求的第三视图，最后验证各投影的一致性。

2. "二求三"的解一般是唯一的。特殊情况也会有多个解，可根据构形设计的一些原则选一个最优解。

3. 叠加组合的基本体，投影中出现的常见错误是多线(见图 3-5)。

■ *举一反三思考题*

1. 如图 3-6 所示，补画左视图。
2. 如图 3-7 所示，补画左视图。

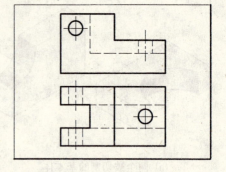

图 3-6 思考题 1 图　　　　　　图 3-7 思考题 2 图

【3-2】　如图 3-8 所示，已知组合体的主、俯视图，补画左视图。

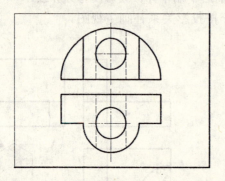
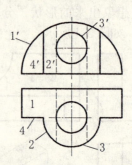

图 3-8 题 3-2 图　　　　　　图 3-9 题 3-2 划分线框分析

分析

1. 由已知视图将主视图划分成线框 1′、2′、3′、4′，将各线框按"长对正"的投影规律对应俯视图，即可知各对应表面的表面状态和相对位置(见图 3-9)。

2. 该组合体为一左右对称的四通体，主体是由轴线为铅垂位置和正垂位置的两个半圆柱垂直相交组成，两圆柱面相交产生部分相贯线(见图 3-10(a))。四通体中间有两个等径的空圆柱垂直贯通相交，在外表面和内部均有完整的相贯线，内部的相贯线为两条特殊的相贯线——平面椭圆曲线(见图 3-10(b))。

3. 可根据想象出来的形状，分部分按投影关系及相贯线的投影规律补画左视图。本题作图的关键是主体两个半圆柱相交产生的部分相贯线的作图。

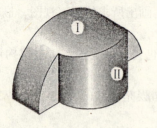
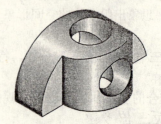

(a) 组合体主体　　　　　　(b) 组合体空间形象

图 3-10 题 3-2 组合体空间分析

■ *作图*　如图 3-11 所示。

1. 作主体两圆柱外表面的相贯线 ABC。利用两圆柱在主、俯视图上的积聚性投影在相贯线的左半部分别取点 A、B、C，由投影对应分别作出它们的第三面投影(见图(a))。

2. 作柱面Ⅰ顶面与空立柱相贯线及柱面Ⅰ与正平面相交的截交线(见图(b))。

3. 作柱面Ⅱ前面与空横柱相贯线及两个等径的空圆柱垂直贯通相交的特殊相贯线(见图(c))。

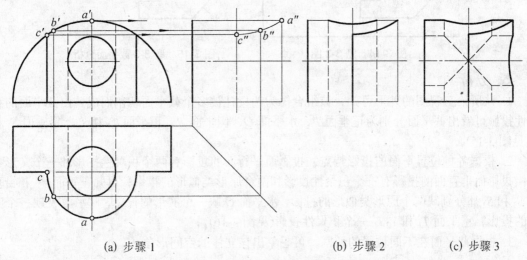

(a) 步骤 1　　　　　　　　(b) 步骤 2　　　　(c) 步骤 3

图 3-11　题 3-2 作图过程

■ *题后点评*

切割式组合体往往出现综合相交而产生多条交线。综合相交时交线的求法，基本上与截平面截切立体和两个立体相交的交线的求法相同，即分析清楚各几何形体的几何性质、相对大小和相对位置，判断哪些几何体之间有交线以及交线的情况，最后分别作出各交线的投影。但由于组合体往往为两个以上的基本体相交，交线相对复杂，结合点也较多，因此要注意每条交线的范围及作出每条交线之间的结合点。

■ *举一反三思考题*

1. 如图 3-12 所示，补画左视图。
2. 如图 3-13 所示，补画左视图。

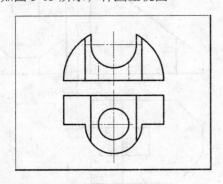
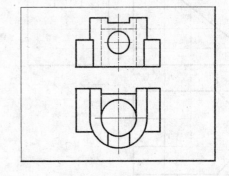

图 3-12　思考题 1 图　　　　　图 3-13　思考题 2 图

【3-3】　如图 3-14 所示，补画三视图中的漏线。

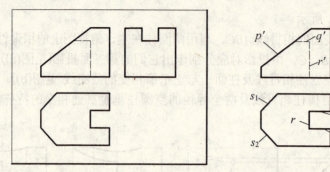

图 3-14　题 3-3 图 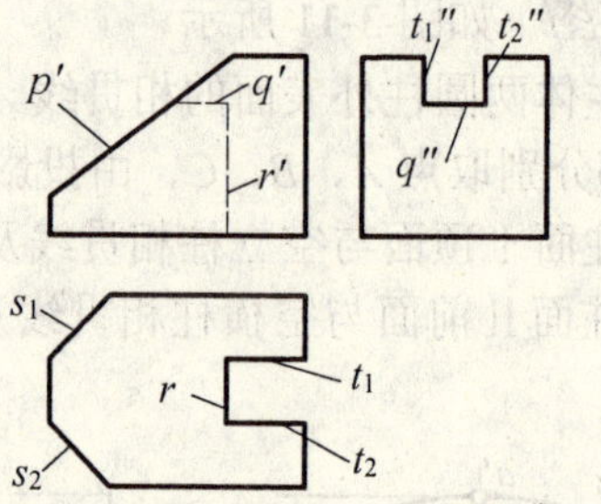　　　　图 3-15　题 3-3 截平面分析

■ **分析**

1. 从所给三视图的外形可知，该组合体为四棱柱被多个截平面切割而成。由截平面的积聚性投影可看出截平面分别为正垂面 P、水平面 Q、侧平面 R、正平面 T_1 和 T_2、铅垂面 S_1 和 S_2（见图 3-15）。

2. 根据各种位置平面的投影特点，投影面平行面的投影有两个积聚性投影和一个实形投影；投影面垂直面的投影有一个积聚性投影和两个原形类似形的投影，可知正垂面 P 和铅垂面 S_1 和 S_2 都分别缺两个原形类似形的投影，水平面 Q 缺一个实形的投影，侧平面 R 缺一个实形的投影，正平面 T_1 和 T_2 缺一个积聚性投影（见图 3-16）。

3. 根据截平面在不同位置的切割，可想象出该立体的空间形象。

(a) 单面切割　　　　(b) 立体背面　　　　(c) 空间形象

图 3-16　题 3-3 组合体空间分析

■ **作图**　如图 3-17 所示。

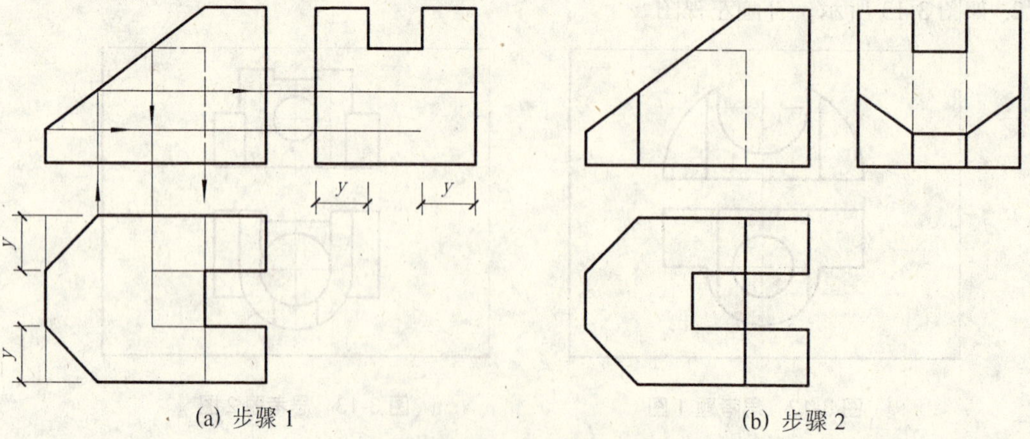

(a) 步骤 1　　　　　　　　　　　　(b) 步骤 2

图 3-17　题 3-3 作图过程

■ *题后点评*

1. 常见的图上漏线有两种情况：一种是漏画平面有积聚性的投影(或称分界面的投影)，另一种是漏画面与面的交线(包含平面与平面的交线，平面与曲面的交线)。
2. 一个视图若有图线漏掉，如本题的几条漏线，将使相邻的线框失去它们的实形。
3. 比较容易补画的漏线一般是投影面平行面的实形投影的边线。

■ *举一反三思考题*

1. 如图 3-18 所示，补画柱子三视图上所缺的图线。
2. 如图 3-19 所示，补画形体三视图上所缺的图线。

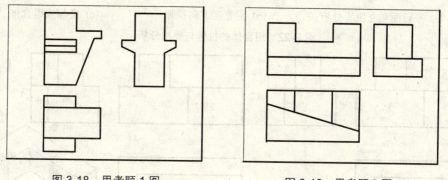

图 3-18　思考题 1 图　　　　图 3-19　思考题 2 图

【3-4】　如图 3-20 所示，分析视图，想出形体，补画第三视图。

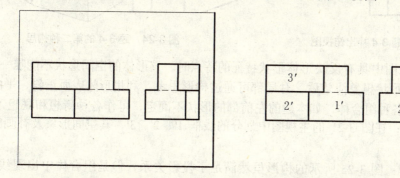

图 3-20　题 3-4 图　　　　图 3-21　题 3-4 的第一种构思

■ *分析*

1. 本题可视为多个柱体叠加而成或四棱柱被多个截平面切割而成的一个组合体。由于形体的一些特征在俯视图中未能表示出来，可以有多种构思，所以本题的解不唯一。后面将分别对此进行分析说明。
2. 第一种构思：对于在图 3-21 的主视图中划分的线框 1′、2′、3′，若均按 V 面平行面处理，则它们的前后位置关系如左视图所示，其空间分析及运用拉伸法读图的结果如图 3-22(a)、(b)所示。

■ *作图*　如图 3-23 所示。
划分的线框Ⅰ、Ⅱ、Ⅲ均按 V 面平行面处理进行作图。

■ *题后点评*

1. 拉伸法对初学者看图、培养空间想象力能起"开窍"的作用。在使用该法读图时，不但可对整体进行拉伸，也可对立体的某一部分进行拉伸，包括分层拉伸和分向拉伸。

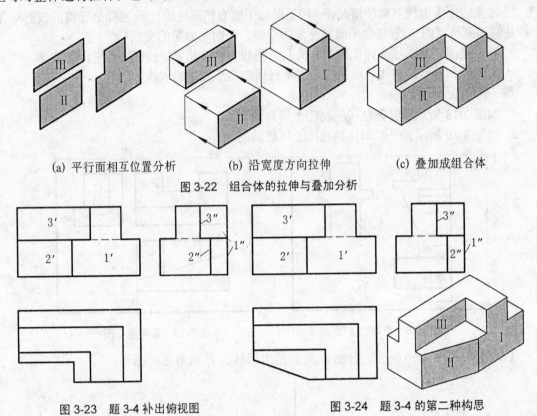

(a) 平行面相互位置分析　　(b) 沿宽度方向拉伸　　(c) 叠加成组合体

图 3-22　组合体的拉伸与叠加分析

图 3-23　题 3-4 补出俯视图　　　　图 3-24　题 3-4 的第二种构思

2. 当需补的视图中具有反映形体形状特征的特点时，该形体的空间形状不能唯一确定。在将形体的大部分形状想象清楚后，对局部可通过构形思考，利用形体表面正斜、平曲、凹凸的差异，构思出各种组合体。如本题的左前部的形状不确定，可作各种猜想和联想。

3. 第二种构思：在图 3-21 的主视图中划分的线框 1′、2′、3′，其空间形象及补画的视图如图 3-24 所示。

4. 第三种构思：图 3-25 所示的构形虽然满足了投影关系，但是组合体中出现线连接，因此，这种构思不符合工程实际。

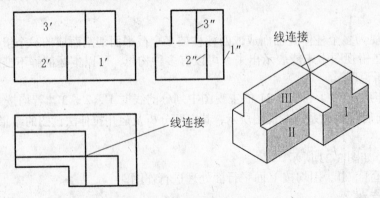

图 3-25　题 3-4 的第三种构思

■ 举一反三思考题

1. 如图 3-26 所示，补画俯视图。
2. 如图 3-27 所示，补画左视图。

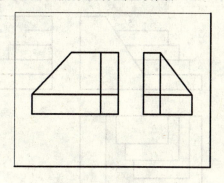

图 3-26　思考题 1 图

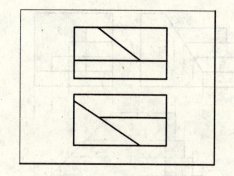

图 3-27　思考题 2 图

【3-5】　如图 3-28 所示，补画第三视图。

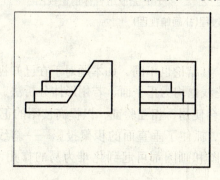

图 3-28　题 3-5 图

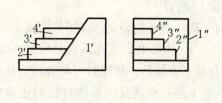

图 3-29　题 3-5 划分线框分析

■ 分析　如图 3-29、图 3-30 所示。

1. 由已知视图可知，该组合体的组成方式为叠加、切割。根据图 3-29 划分的线框，若用线面分析法分析线框 Ⅰ、Ⅱ、Ⅲ、Ⅳ，则它们均为正平面；若用形体分析法分析，则这些线框可分离出来的基本体均为被截切过的平面立体(见图 3-30(a))，它们叠加成如图 3-30(b)所示的空间形象。

2. 本题的难点在于补画俯视图。在已知的视图中可知有一正垂面 V，根据垂直面的一个投影具有积聚性、另两个投影具有原形类似形的投影特点，由投影对应左视图已知该正垂面 V 的类似形(见图 3-30(b))。因此，可先补画出正垂面 V 的原形类似形后再补画完成整体的俯视图。

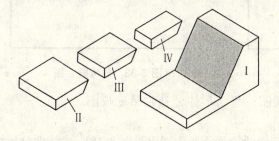

(a) 表面分析及形体分析

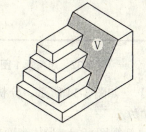

(b) 组合体空间形象

图 3-30　题 3-5 中的四个基本体叠加成组合体

■ *作图* 如图 3-31 所示。
1. 根据投影对应规律补画出正垂面Ⅴ原形类似形的俯视图(见图(a))。
2. 根据正垂面Ⅴ的相邻面均为水平面的特点,按"三等"原则补画它们的投影(见图(b))。

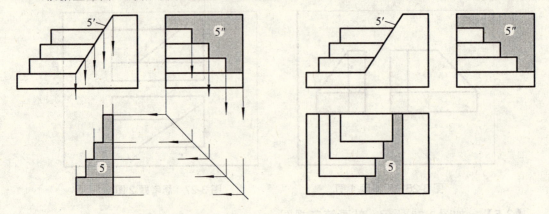

(a) 补画正垂面Ⅴ的俯视图　　　(b) 完成组合体的俯视图

图 3-31　题 3-5 作图过程(补画俯视图)

■ *题后点评*
1. 对于同一线框的含义,读图的方式不同,其结论也不同。如本题对于在已知视图中划分的线框Ⅰ、Ⅱ、Ⅲ、Ⅳ,若用线面分析法,这些线框均为正平面,若用形体分析法,这些线框均可拉伸成平面立体。读图时可将各种方法综合使用,相互验证,以提高读图的正确率。
2. 线框Ⅴ是一个能反映形体特征的正垂面,抓住了垂直面的积聚投影——斜线,就可由其对应投影得知该面原形的类似形,这对读图和画图都可起到化难为易的作用。

■ *举一反三思考题*
1. 如图 3-32 所示,补画第三视图。
2. 如图 3-33 所示,补画第三视图。

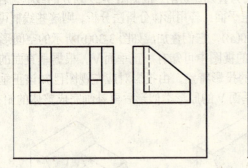 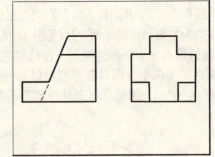

图 3-32　思考题 1 图　　　图 3-33　思考题 2 图

【3-6】 如图 3-34 所示,分析视图,想出形体,补画第三视图。
■ *分析*
1. 从已知视图可知,形体表面有三个垂直面Ⅰ、Ⅱ、Ⅲ(见图 3-35)。由线面分析结合形体分析可知,铅垂面Ⅰ和正垂面Ⅱ同在一个被切割的基本体上。

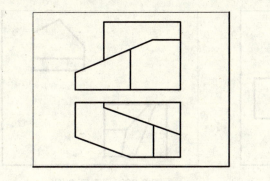
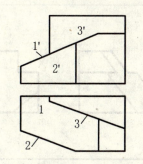

图 3-34 题 3-6 图　　　　　图 3-35 题 3-6 垂直面分析

2. 本题组合体由两个平面立体叠加而成，形体分析如图 3-36 所示。
3. 可先分别补画出三个垂直面的原形类似形后，再补画完成整体的左视图。

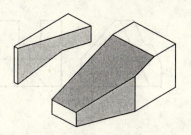
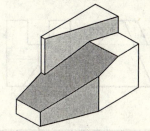

图 3-36 题 3-6 形体分析

■ *作图*　如图 3-37 所示。
1. 根据投影对应规律补画出各垂直面原形类似形的左视图(见图(a))。
2. 完成组合体的左视图(见图(b))。

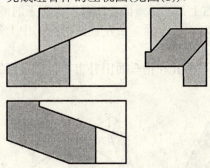
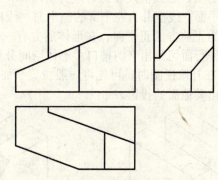

　(a) 补画各垂直面的左视图　　　　　(b) 完成组合体的左视图

图 3-37 题 3-6 作图过程(补画左视图)

■ *举一反三思考题*
1. 如图 3-38 所示，补画俯视图。
2. 如图 3-39 所示，补画主视图。

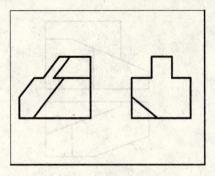
图 3-38 思考题 1 图

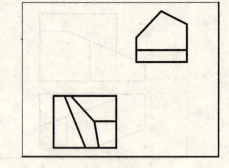
图 3-39 思考题 2 图

【3-7】 如图 3-40 所示，分析视图，想出形体，补画第三视图。

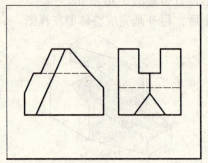
图 3-40 题 3-7 图

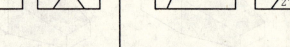
图 3-41 题 3-7 表面分析

■ 分析

1. 本题给出的形体由一个四棱柱被多个面前后对称切割而成。如图 3-41 所示，根据左视图划分的实、虚线框及投影对应分析可知：线框 Ⅰ 为一般位置平面，在形体后方有一个与之对称的平面；线框 Ⅱ 为左下部的侧平面；线框 Ⅲ 为右上部的正垂面；线框 Ⅳ 为右下的侧平面；线框 Ⅴ 为正前方的正平面，在形体后方有一个与之对称的平面。由左视图可见，中上部有一被三个平行面切割出来的槽口，形体空间分析如图 3-42 所示。

2. 在补俯视图时，可先将一般位置平面 Ⅰ、侧平面 Ⅱ 和正垂面 Ⅲ 补出，再根据投影对应规律作出其他面的投影。

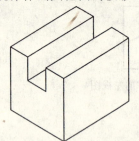

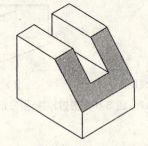

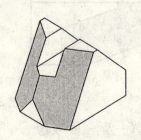

(a) 四棱柱中上被一个槽切割　(b) 右上方被正垂面切割　(c) 左部前后用两个一般面对称切割

图 3-42 题 3-7 分析

■ 作图 如图 3-43 所示。

1. 根据投影对应规律补画一般位置平面 Ⅰ、侧平面 Ⅱ 和正垂面 Ⅲ 原形类似形的俯视图(见图(a))。
2. 完成组合体的俯视图(见图(b))。

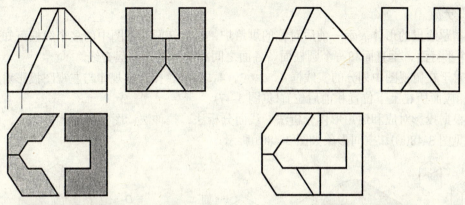

(a) 补画各垂直面的俯视图　　　　(b) 完成组合体的俯视图

图 3-43　题 3-7 作图过程(补出俯视图)

■ 题后点评

视图对称是反映形体的重要特征之一。视图中的对称有平移对称、镜像对称，把握了视图的对称就会对形体对称的理解加深。在想象形体的空间形状时候，利用形体上的对称性加以分析，常常使问题得以简化，求解变得相当简单，甚至使得某些颇难解决的问题迎刃而解。

■ 举一反三思考题

1. 如图 3-44 所示，补画左视图。
2. 如图 3-45 所示，补画俯视图。

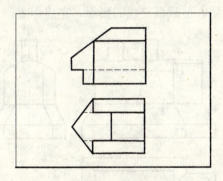

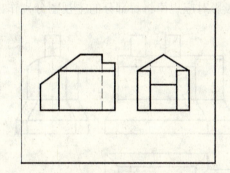

图 3-44　思考题 1 图　　　　　　图 3-45　思考题 2 图

【3-8】　如图 3-46 所示，分析视图，想出形体，补画第三视图。

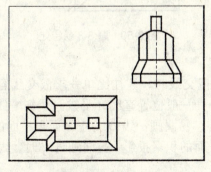

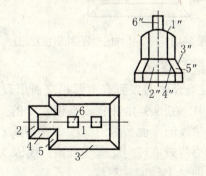

图 3-46　题 3-8 图　　　　　　图 3-47　题 3-8 表面分析

■ *分析*

1. 本题给出的形体表示一前后对称的烘焙炉，从已知两个视图中的多个线框可知，该形体有多个平行面、垂直面和一个圆柱面。各面之间相交产生多条截交线。

2. 对于在俯视图中划分的实线框 1、2、3、4、5、6，按投影规律与左视图投影对应，可知这些相应面所在上下位置和前后位置(见图 3-47)。

3. 根据投影对应和运用形体分析法、线面分析法、拉伸法读图，该形体分为上、中、下三部分(见图 3-48(a))，空间形象如图 3-48(b)所示。

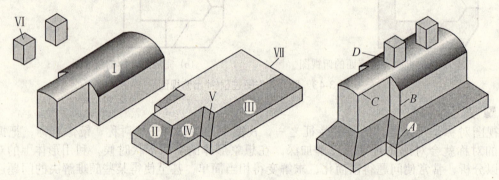

(a) 线面分析与形体分析　　　　　　　　(b) 组合体空间形象

图 3-48　题 3-8 线面分析、形体分析和空间形象

■ *作图*　如图 3-49 所示。

按投影对应规律将每部分的主视图分别作出后，整理截交线的投影，完成作图。

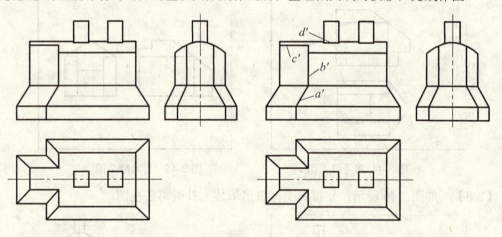

图 3-49　题 3-8 作图过程(补出主视图)　　　图 3-50　题 3-8 易错处

■ *题后点评*

1. 在组合体的表面有多面相交而出现多处截交线时，往往比单一求截交线容易出错(见图 3-50)，在图 3-48 中：线框Ⅲ和Ⅴ的交线——一般位置直线 A 易被画成侧平线；柱面被平行其轴线的平面所截的交线为直素线 C，线 C 易漏画；线 D 为正平面与柱面的交线，容易与柱面的最上转向轮廓线混淆；线 B 为侧平面的积聚投影，当漏画线 C 时，线 B 将错画至柱面的最上转向轮廓线。

2. 读一些复杂形体的视图时，可采取比较生动有趣的读图方法——做出它们的模型，这对于掌握空间物体与平面图形的投影对应规律，强化形象思维能力，培养实践技能是非常有效的。

■ 举一反三思考题

1. 如图 3-51 所示，补画左视图。
2. 如图 3-52 所示，补画左视图。

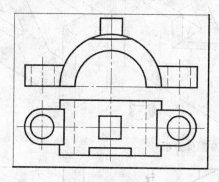

图 3-51 思考题 1 图

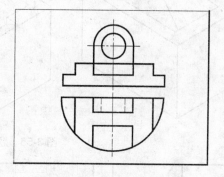

图 3-52 思考题 2 图

【3-9】 如图 3-53 所示，分析视图，想出形体，补画第三视图。

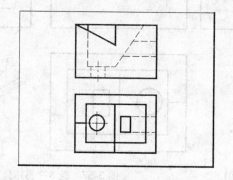

图 3-53 题 3-9 图

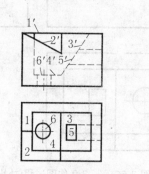

图 3-54 题 3-9 表面分析

■ 分析

1. 由所给视图可知，该形体是一个被平面和柱面切割的四棱柱。在两视图中有较多的虚线，说明该形体中间为复杂空腔。

2. 在俯视图划分线框时以实线框为主（见图 3-54）。按投影规律将这些线框与左视图作投影对应，并运用形体分析法、线面分析法、拉伸法读图，其形体分析如图 3-55 所示。

■ 作图 如图 3-56 所示。

根据对应关系，按相互位置作出左视图。

■ 题后点评 如图 3-57 所示。

由于左视图表示的大多是不可见的内容，若想象不充分，容易疏忽一些局部轮廓线，在补图时可能出现漏线和错线。

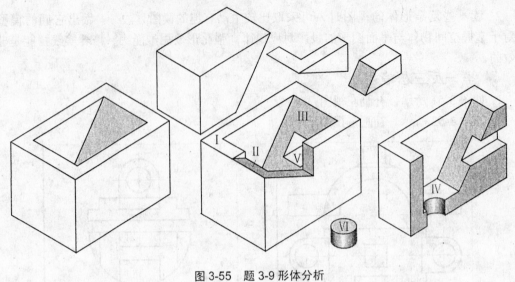

图 3-55 题 3-9 形体分析

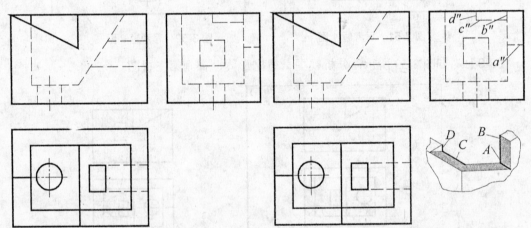

图 3-56 题 3-9 作图过程(补出主视图)　　　图 3-57 题 3-9 易错处

■ 举一反三思考题

如图 3-58 所示，补画左视图。

【3-10】 如图 3-59 所示，分析视图，想出形体，补画第三视图。

■ 分析

1. 本题给出的形体为一前后、左右对称的形体，从已知两个视图中的多个线框可知，该形体由多个平行面、垂直面和一个圆柱面切割而成。

2. 在俯视图中划分实线框 1、2、3、4、5，按投影规律与主视图的投影对应，可知这些相应面所在上下位置及前后位置(见图 3-60)。

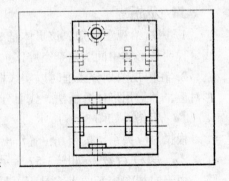

图 3-58 思考题图

3 组合体的读图训练

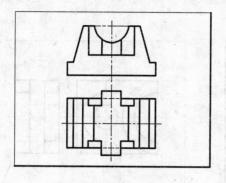

图 3-59 题 3-10 图

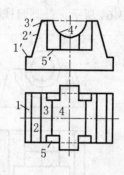

图 3-60 题 3-10 表面分析

3. 如图 3-61 所示，先用形体分析法构思出该立体的原型(见图(a))，再用相关面前后对称切割该形体和前后对称叠加立体(见图(b)、(c))。

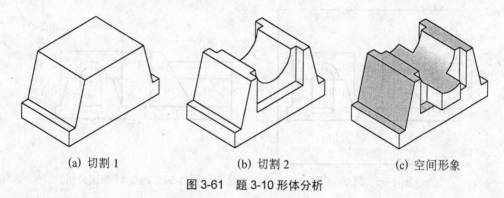

(a) 切割 1　　　　　　(b) 切割 2　　　　　　(c) 空间形象

图 3-61 题 3-10 形体分析

作图　如图 3-62 所示。

根据形体分析的思路，逐步作出左视图。

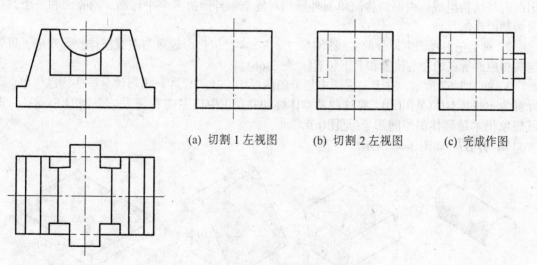

图 3-62 题 3-10 作图过程(补画左视图)

举一反三思考题

1. 如图 3-63 所示，补画左视图。

2. 如图 3-64 所示，补画俯视图。

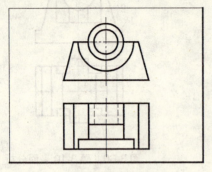

图 3-63 思考题 1 图

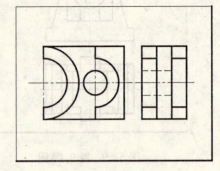

图 3-64 思考题 2 图

【3-11】 如图 3-65 所示，分析视图，想出形体，补画第三视图。

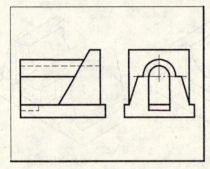

图 3-65 题 3-11 图

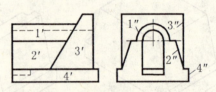

图 3-66 题 3-11 表面分析

■ *分析*

1. 本题给出的形体为一前后对称的形体，从已知两个视图中的多个线框可知，该形体分别由内外结构组成，内部结构简单而外形相对复杂，外形由多个平行面、垂直面和一个圆柱面切割而成。

2. 对于在主视图中划分的实线框 1′、2′、3′、4′，按投影规律与左视图作投影对应，可知这些相应面所在的左右位置和上下位置(见图 3-66)。

3. 如图 3-67 所示，对于主视图中划分的线框 1′、2′、3′、4′，用形体分析法构思想象，可分解为一些基本体(见图(a))。将这些基本体叠加并在正中自左向右切去一个倒 U 形通孔，即可想象出本题形体的空间形象(见图(b))。

■ *作图* 如图 3-68 所示。

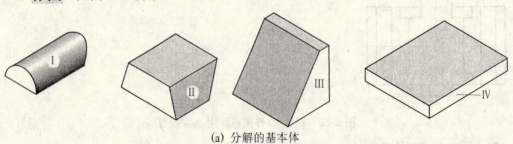

(a) 分解的基本体

图 3-67 题 3-11 基本体组合成形体的分析

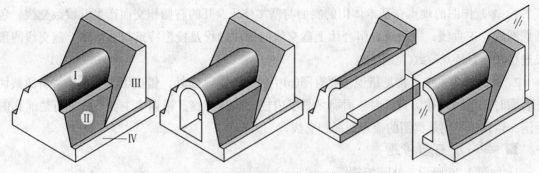

(b) 组合体空间形象及内部形状分析

续图 3-67

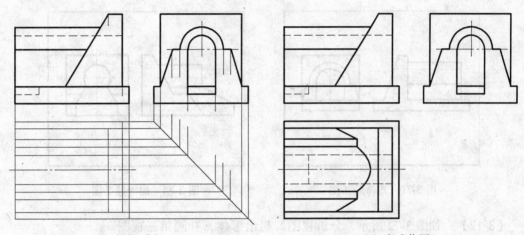

(a) 投影对应　　　　　　　　　　　　(b) 完成作图

图 3-68　题 3-11 作图过程(补画俯视图)

■ *题后点评*　如图 3-69 所示。

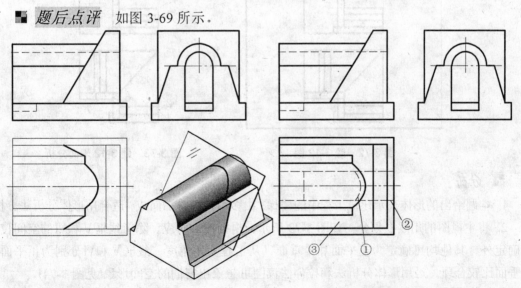

(a) 交线分析及作图　　　　　　　　　(b) 完成作图

图 3-69　题 3-11 截交线分析及常见错误分析

1. 本题作图的难点在基本体Ⅲ的斜面与基本体Ⅰ、Ⅱ的右侧相交而产生五段截交线，包括椭圆线、正垂线、一般线。组合体上截交线的形成过程及投影特点与基本体上截交线的形成过程及投影特点一致(见图(a))。

2. 此题较为复杂，常见错误主要有图(b)中的①、②、③处。错误①主要是误解斜面截切外表面时，也同时截切到了内表面而多画了内柱面的截交线；错误②主要是没想清楚通孔的范围；错误③主要是读图的疏忽而漏画交线。

■ 举一反三思考题

1. 如图 3-70 所示，补画俯视图。
2. 如图 3-71 所示，补画俯视图。

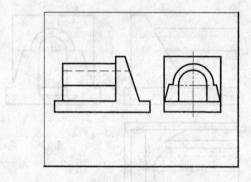

图 3-70 思考题 1 图

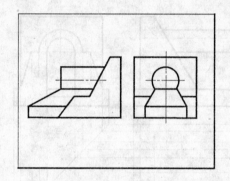

图 3-71 思考题 2 图

【3-12】 如图 3-72 所示，分析视图，想出形体，补画第三视图。

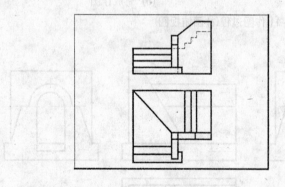

图 3-72 题 3-12 图

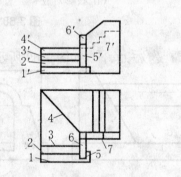

图 3-73 题 3-12 表面分析

■ 分析

1. 本题给出的形体表示建筑工程中的楼梯，由多个棱柱叠加而成，适合用形体分析法分析。

2. 将主视图的用线框划分，如图 3-73 所示，根据投影对应，除了线框Ⅴ和Ⅵ的空间位置不确定外，其他均可确定为正平面和铅垂面。从工程实用角度，线框Ⅴ和Ⅵ分别为正平面和侧垂面比较合理。运用形体分析法和拉伸法读图可想象出它们的空间形象(见图 3-74)。

■ 作图 如图 3-75 所示。

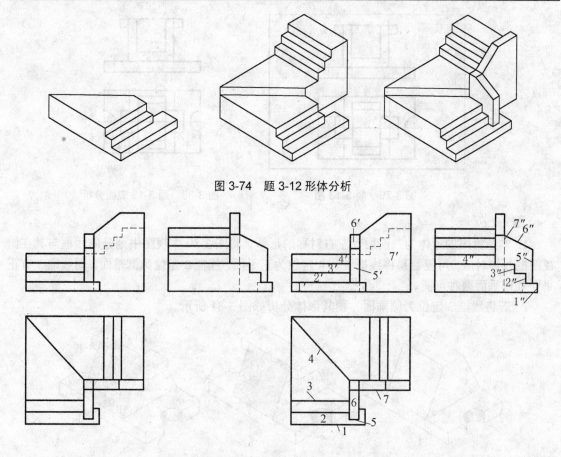

图 3-74 题 3-12 形体分析

图 3-75 题 3-12 作图过程(补出左视图)　　　图 3-76 题 3-12 易错处

■ *题后点评*　如图 3-76 所示。
左视图中容易漏画几处不可见平行面的积聚投影——虚线。

■ *举一反三思考题*

1. 如图 3-77 所示，补画左视图。
2. 如图 3-78 所示，补画左视图。

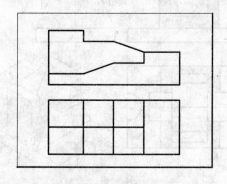

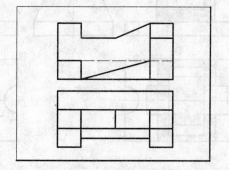

图 3-77　思考题 1 图　　　　　　图 3-78　思考题 2 图

【3-13】　如图 3-79 所示，分析视图，想出形体，补画第三视图。

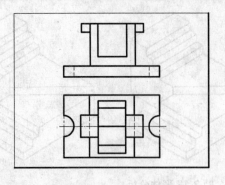
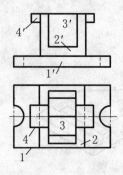

图 3-79　题 3-13 图　　　　图 3-80　题 3-13 表面分析

■ **分析**

1. 本题给出的形体为一前后、左右对称的形体，将图 3-80 主视图中划分的线框与其在俯视图的投影对应，可较容易将线框 1′和 4′定位为正平面、线框 2′定位为侧垂面，而线框 3′有正平面和侧垂面两种可能。

2. 若将线框 3′定位为侧垂面，则其形体分析如图 3-81 所示。

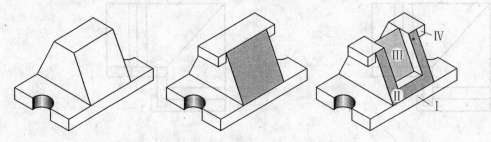

图 3-81　题 3-13 形体分析

■ **作图**

方案 1　将线框 3′定位为侧垂面的作图过程如图 3-82 所示。
方案 2　将线框 3′定位为正平面的作图过程如图 3-83 所示。

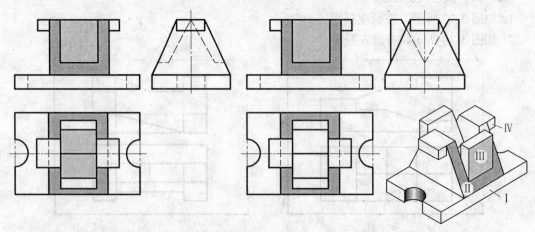

图 3-82　题 3-13 作图过程(补左视图方案 1)　　　图 3-83　题 3-13 作图过程(补左视图方案 2)

【3-14】　如图 3-84 所示，作出形体的 1-1 和 2-2 剖视图。

3 组合体的读图训练

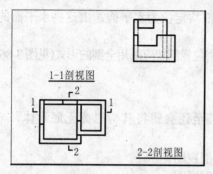

图 3-84 题 3-14 图

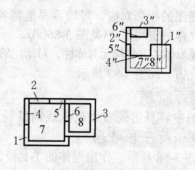

图 3-85 题 3-14 表面分析

■ 分析

1. 本题给出的形体均由平面立体组合而成，中间为两个空槽。将图 3-85 俯视图中划分的

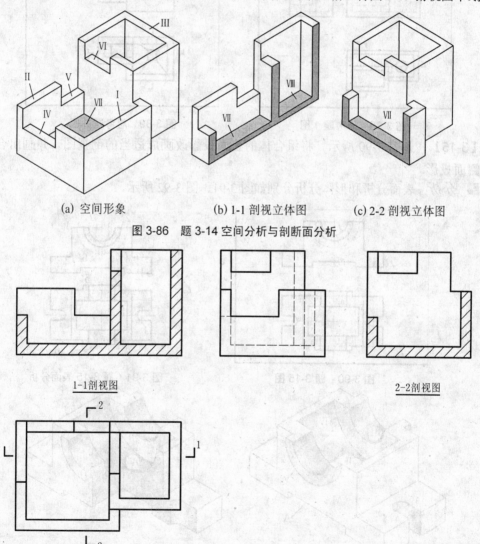

(a) 空间形象   (b) 1-1 剖视立体图   (c) 2-2 剖视立体图

图 3-86 题 3-14 空间分析与剖断面分析

图 3-87 题 3-14 作图过程(补画剖视图)

线框与左视图的投影对应，可较容易地将各线框均定位为水平面，由这些水平面的高度差可想象出该立体的空间形象(见图 3-86(a))。

2. 本题形体各方位均无对称性，对指定的两个位置剖切应采用全剖的形式(见图 3-86(b)、(c))。

■ *作图*　如图 3-87 所示。

■ *题后点评*

剖视图中容易出现多线或少线的错误，甚至还会错将其构思为无底形体。

■ *举一反三思考题*

1. 如图 3-88 所示，作出形体的 1-1 和 2-2 剖视图。
2. 如图 3-89 所示，作出形体的 1-1 和 2-2 剖视图。

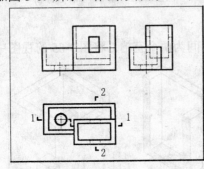

图 3-88　思考题 1 图

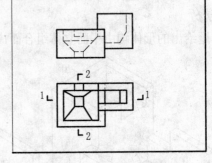

图 3-89　思考题 2 图

【3-15】　如图 3-90 所示，将组合体的正面投影改画成适当的剖视图，并画出合适剖视的侧面投影。

■ *分析*　表面分析和形体分析分别如图 3-91、图 3-92 所示。

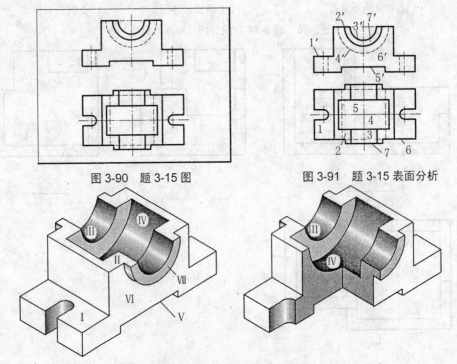

图 3-90　题 3-15 图　　　　图 3-91　题 3-15 表面分析

图 3-92　题 3-15 形体分析

1. 由已知题图可知，该形体前后、左右对称。将从图3-91俯视图划分的实线框和虚线框1、2、3、4、5，以及主视图划分的实线框6′、7′作投影对应可知，除线框Ⅲ、Ⅳ是圆柱面外，其他均是 V 面平行面。虚线框Ⅴ表示该形体下部有一个通槽。

2. 本题形体内外都很复杂，根据其前后、左右对称的特点，可对主视图和左视图采用半剖的表达方式，剖切平面选在前后、左右对称面上(见图3-92)。

■ *作图*　如图3-93所示。

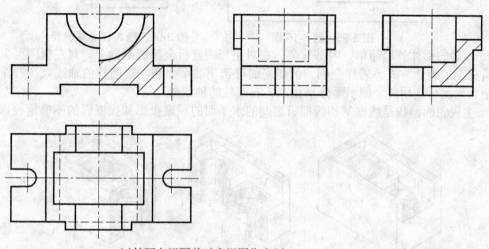

(a)补画左视图并对主视图作半剖　　　(b)对左视图作半剖

图3-93　题3-15作图过程(补画剖视图)

■ *举一反三思考题*

如图3-94所示，补画全剖的左视图，并对主视图作适当剖切。

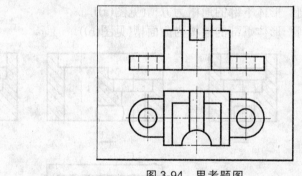

图3-94　思考题图

【3-16】　如图3-95所示，补画1-1剖视图上所缺的图线，并作出形体的2-2剖视图。

■ *分析*

1. 由已知题图可知，该形体前后对称。如图3-96所示，将俯视图划分的实线框和虚线框1、2、3、4、5、6、7与主视图作投影对应可知，线框Ⅰ、Ⅱ、Ⅲ均是水平面，线框Ⅴ是圆柱面，线框Ⅳ、Ⅵ是空心圆柱面，线框Ⅴ和线框Ⅵ之间的面也为水平面。由于虚线框Ⅶ的特征视图在左视图上，所以该部位表示该形体下部的通槽的形状有不同的形式，若考虑为方槽，则其形体分析如图3-97所示。

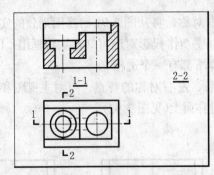
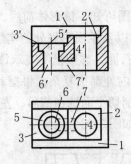

图 3-95 题 3-16 图　　　　　图 3-96 题 3-16 表面分析

2. 本题的形体外形简单，内部复杂，在对主视图进行全剖的基础上，对左视图可采用全剖或阶梯剖的表达方式。若作全剖，剖切平面可选用侧平面在左边圆柱的轴线处；若作阶梯剖，剖切平面可选用两个侧平面分别在左、右圆柱的轴线处。

3. 主视图的漏线是线框Ⅴ和线框Ⅵ之间的水平面的积聚投影和线框Ⅶ的不确定投影。

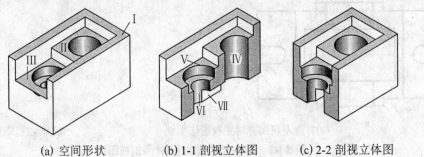

(a) 空间形状　　　　(b) 1-1 剖视立体图　　　(c) 2-2 剖视立体图

图 3-97 题 3-16 形体分析

■ *作图*　如图 3-98 所示。

方案 1　对左视图作全剖，形体下部的通槽为方槽(见图(a))。

方案 2　对左视图作全剖，形体下部的通槽为曲面槽(见图(b))。

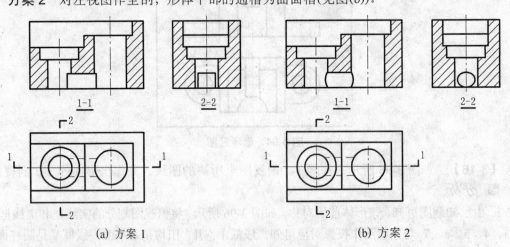

(a) 方案 1　　　　　　　　　　　(b) 方案 2

图 3-98 题 3-16 作图过程

■ *题后点评*

剖视图中容易漏掉剖切平面之后可见的轮廓线。

■ 举一反三思考题

1. 如图 3-99 所示，补画漏线。
2. 如图 3-100 所示，补画漏线。

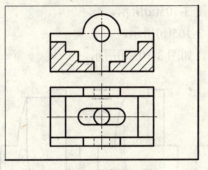

图 3-99　思考题 1 图

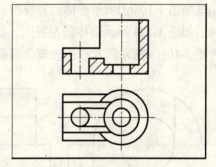

图 3-100　思考题 2 图

【3-17】　如图 3-101 所示，补画左视图并作适当的剖切。

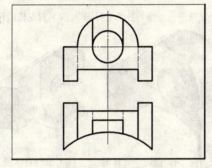

图 3-101　题 3-17 图

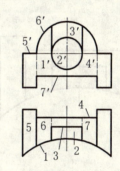

图 3-102　题 3-17 表面分析

■ 分析

1. 由已知题图可知，该形体左右对称。将主视图划分的线框 1′、2′、3′、4′和俯视图划分的线框 5、6、7 作投影对应可知它们的表面性质及之间的相对位置，如图 3-102 所示。根据表面分析可知，线框Ⅰ、Ⅱ、Ⅵ是圆柱面，线框Ⅲ是正平面，线框Ⅴ、Ⅶ是水平面，则其空间分析如图 3-103 所示。

2. 在该组合体组合的过程中，各圆柱面都分别与其他表面相交而产生各种交线，交线分析如图 3-104 所示。

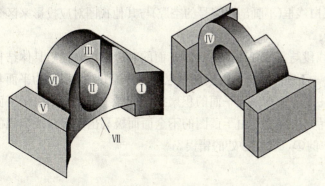

图 3-103　题 3-17 空间分析

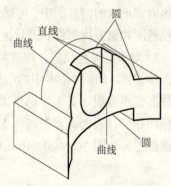

图 3-104　题 3-17 交线分析

3. 该形体的左视图有多条表示内部形状的虚线，根据该视图不对称的特点，表达内部形状适合用全剖，剖切平面选在左右对称面上。

■ *作图*

1. 画出如图 3-105(d)所示形体的左视图，如图 3-105(a)所示。
2. 画出如图 3-104 所示形体的左视图，如图 3-105(b)所示。
3. 将图 3-105(b)所示的左视图改成全剖视图，如图 3-105(c)所示。

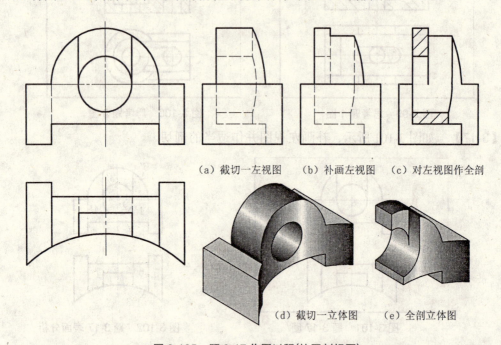

（a）截切一左视图　（b）补画左视图　（c）对左视图作全剖

（d）截切一立体图　（e）全剖立体图

图 3-105　题 3-17 作图过程(补画剖视图)

■ *题后点评*

1. 对挖切部分较多、所形成的交线较复杂的部分，应采用线面分析法读图，这对提高读图的速度和准确性十分有效。

2. 每个视图都有一定的表达目的和重点，不同的表达方式之间也能相互配合、补充。如在表达外部形状的视图中，可根据实线框以及对应投影来判断各表面的性质和相互位置；在表达内部形状的剖视图中，可通过空白线框(不画剖面符号的空腔)与其他视图对应投影来区分空腔范围和想象内部性状及远近层次。

3. 对于不完整线框，应从局部线段与其他视图的点、线、面的对应投影来推想具体结构及连接方式。如图 3-106 中的①处为一不完整线框，由投影对应的规律可知，该部位为平面与圆柱面的组合面。其上半部平面与柱面之间有一正平面的积聚投影分界；下半部则由于平面与柱面相切，表面光滑过渡而无分界。该部位间由于读图的不全面而极易出现多线或少线的错误画图，如图 3-106(a)、(b)、(c)中的②、③、④处的错误。

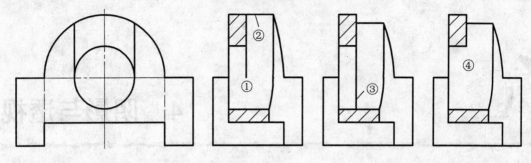

（a）错误②漏画截交线　（b）错误③多线　（c）错误④少线

图 3-106　题 3-17 不完整线框分析及错误剖析

■ 举一反三思考题

1. 如图 3-107 所示，补画左视图。
2. 如图 3-108 所示，补画主视图。

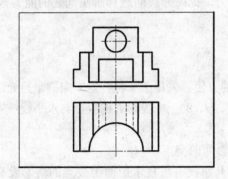

图 3-107　思考题 1 图

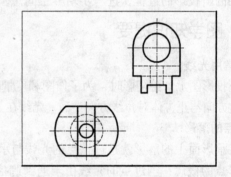

图 3-108　思考题 2 图

4 阴影与透视

4.1 阴影

4.1.1 学习目的

了解阴影的基本知识，了解在建筑形体上加绘阴影的作用，学习如何在正投影图上加绘阴影的基本方法，熟练掌握在建筑形体上、曲面立体上加绘阴影的各种技能。在正投影图上加绘阴影，实际上也是一个二次投影的过程，即在平行投影下的斜投影。因此，学习本部分内容的目的，一方面是掌握在正投影图上加绘阴影的基本方法，另一方面是通过研究平行投影下叠加的斜投影的过程，进一步培养空间想象力，提高分析问题和解决问题的能力。

4.1.2 图学知识提要

1. 常用光线

在正投影图上加绘阴影时，为了作图和度量的方便，采用了一种特定方向的平行光线。这种光线的方向与正方体对角线方向一致，光线在 V、H、W 三个投影面的投影与水平线成 $45°$ 角。

2. 点的落影

点在承影面上的落影就是过该点的光线与承影面的交点。

虚影点的概念：当过点的光线由于遇到遮挡其影没有落在承影面上或点的落影没有落在承影面的外形范围内时，用延长光线或扩大承影面的方法所作出的光线与承影面的交点称为虚影点。

3. 直线的落影

直线在承影面上的落影，就是通过直线的光平面与承影面的交线。

(1) 直线落影的特点　当直线的承影面为平面时，其落影仍为直线；当直线与光线方向平行时，其落影重影为一点。

(2) 直线落影的平行规律

◆ 直线与承影面平行，则直线在承影面上的落影与直线平行且等长。
◆ 平行两直线在同一承影面上的落影仍然互相平行。
◆ 一直线在互相平行的承影面上的落影互相平行。

过渡点的概念：从图 4-1(a)中可以看出，直线 AB 在两个承影面 P 和 Q 上有两段落影 A_PK_1 和 K_2B_Q，其中两落影点 K_1 和 K_2 都是直线 AB 上点 K 的落影。落影点 K_1 和 K_2 称为直线 AB 的落影过渡点。由于过渡点成对出现，因此也合称落影点 K_1 和 K_2 为过渡点对。在求组合体(或建筑物)的落影时，往往利用过渡点对的特点，由较容易先获得的一个过渡点反求另一个过渡点，达到简化作图过程的目的(见图 4-1(b))。

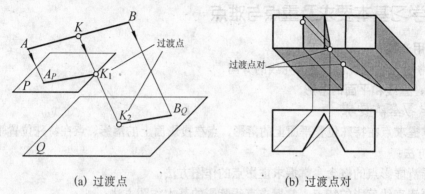

(a) 过渡点　　　　　　　　　　(b) 过渡点对

图 4-1　过渡点与过渡点对的概念

(3) 直线落影的相交规律

◆ 直线与承影面相交，则直线的落影必然通过该直线与承影面的交点。

◆ 一直线在相交的两承影面上的两段落影必然相交，两段落影的交点——折影点必然在两承影面的交线上。

◆ 相交两直线在同一承影面上的落影必然相交，两直线落影的交点必然是两直线交点的落影。

(4) 投影面垂直线落影规律

◆ 某投影面垂直线在所垂直的投影面上任何承影面上落影，都是与光线投影方向一致的 $45°$ 直线。

◆ 某投影面垂直线落影于由另外两个投影面上时，无论承影面形状与空间位置如何，其落影均成对称形状。

4. 平面的落影

平面图形上的落影是由构成平面图形的几何元素(点、线)的落影所围成的。

(1) 平面多边形的落影　平面多边形的落影就是多边形各边线的落影。

(2) 圆平面的落影　在一般情况下，圆平面在任何一个承影面上的落影是一个椭圆。当圆平面平行于某一投影面时，该投影面上的落影与其同面投影形状完全相同，反映圆平面的实形。

5. 平面立体的阴影

平面体的落影是立体上阴线落影的集合。

(1) 作图步骤

◆ 判别阴面和阳面，确定阴线；

◆ 求阴线的落影。

(2) 基本几何体的阴影。

(3) 建筑细部的阴影。

6. 曲面立体的阴影
(1) 基本几何体的阴影；
(2) 建筑细部的阴影。

4.1.3 学习基本要求及重点与难点

1. 常用光线

明确常用光线的概念，弄清光线的方向。

2. 点、直线和平面的落影

● *学习基本要求*

(1) 掌握求点在特殊位置平面上的落影、点在投影面上的落影、点在特殊位置平面上的落影的作图方法；

(2) 弄清虚影点的概念，掌握求虚影点的作图方法；

(3) 弄清直线落影的特点，掌握求直线落影的基本作图方法；

(4) 弄清直线落影的九条规律，掌握灵活应用直线落影的九条规律作直线在各种不同情况下落影的作图技巧；

(5) 弄清过渡点和折影点的概念，掌握在作图中灵活应用过渡点和折影点的技巧；

(6) 掌握应用返回光线法、延长直线扩大承影面法、求点的虚影法作直线落影的作图技巧；

(7) 掌握求平面多边形落影的作图方法；

(8) 掌握求圆周落影的作图方法。

● *重点* 点在不同承影面上的落影，直线落影的九条规律，圆周的落影。

● *难点* 求虚影点的作图方法，直线落影的九条规律。

3. 平面立体的阴影

● *学习基本要求*

(1) 掌握在常用光线下，判别立体的哪些面是阴面，哪些面是阳面，从而找出所有阴线的方法；

(2) 掌握根据各条阴线与承影面上的相对位置，灵活应用直线落影的规律求阴线的落影的方法；

(3) 掌握求棱柱体、棱锥体阴影的作图方法和技巧；

(4) 掌握求窗口、门洞、台阶、烟囱、天窗、坡顶房屋等建筑细部阴影的作图方法和技巧。

● *重点* 弄清正投影图所表示的立体的形状，判别阴面和阳面，找出阴线，根据各条阴线与承影面的相对位置，作出阴线的落影。

● *难点* 作各种建筑细部阴影的方法和技巧。

4. 曲面立体的阴影

● *学习基本要求*

(1) 掌握求圆柱体、圆锥体阴影的作图方法和技巧；

(2) 掌握在由曲面立体组成的建筑形体或带有曲面立体的组合体上加绘阴影的作图方法和技巧。

● *重点* 圆柱体、圆锥体阴影，几种典型的由曲面立体组成或带有曲面立体的组合体的阴影。

● *难点* 在由曲面立体组成的建筑形体或带有曲面立体的组合体上加绘阴影。

4.1.4 综合解题

【4-1】 如图 4-2 所示,完成点 A 在 R 面上的落影。

■ *分析*

当承影面 R 为一般位置平面时,求点 A 在其上的落影可运用光截面法求解,即采用画法几何中一般位置直线和一般位置平面相交求交点的方法作图。

■ *作图* 如图 4-3 所示。

1. 过点 a 作一条 45°线,求过该线所作铅垂面与 R 面相交的交线 Ⅰ Ⅱ(见图(a))。
2. 过点 a' 作一条 45°线,求过该线与交线的交点 A_R,点 A_R 即为所求(见图(b))。

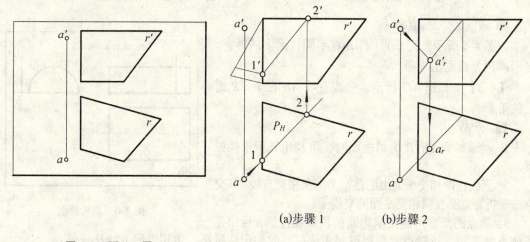

图 4-2 题 4-1 图　　　　图 4-3 题 4-1 作图过程

■ *题后点评*

当承影面为具有积聚性投影时,可充分利用其积聚性投影并运用光线迹点法求解;当承影面为一般位置平面时,则应采用辅助平面法求光线——一般位置直线和一般位置平面相交求交点——落影点。这种作图方法称为光截面法。

【4-2】 如图 4-4 所示,完成点 A 在半球面上的落影。提示:用光截面法求解。

■ *分析*

当承影面 R 为球面时,求点 A 在其上的落影可运用光截面法,即采用一般位置直线和球面相交求交点的方法作图。

■ *作图* 如图 4-5 所示。

1. 过点 a 作一条 45°线,求过该线所作铅垂面与 R 面相交的交线 Ⅰ Ⅱ(见图(a))。
2. 过点 a' 作一条 45°线,求过该线与交线的交点 A_R,点 A_R 即为所求(见图(b))。

■ *题后点评*

运用光截面法求光线与立体相交,实质上是完成求一般位置与立体相交的贯穿点,或求平面与立体相交的截交线,其面上取线、线上取点的作图原理与画法几何部分的相同。

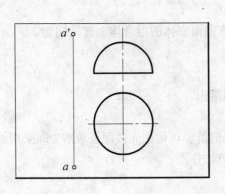

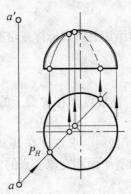

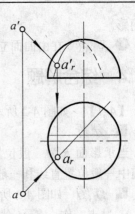

(a)步骤1　　　　　(b)步骤2

图 4-4　题 4-2 图　　　　图 4-5　题 4-2 作图过程

■ *举一反三思考题*

如图 4-6 所示，完成直线 AB 在半圆柱面上的落影。提示：用光截面法求解。

【4-3】　如图 4-7 所示，完成直线 AB 在 P、R 面上的落影。

■ *分析*

1. 当承影面 R、P 为铅垂面时，可利用其积聚性投影。
2. 直线在两相交平面上的落影为两条相交直线，其交点——折影点必在两相交平面的交线上。
3. 端点的落影可利用承影面的积聚性投影，运用光线迹点法求解；折影点的落影可利用承影面的积聚性投影，运用返回光线法求解。

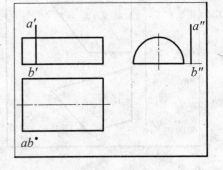

图 4-6　思考题图

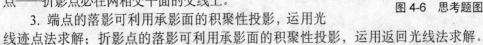

图 4-7　题 4-3 图　　　　图 4-8　题 4-3 作图过程

■ *作图*　如图 4-8 所示。

■ *题后点评*

1. 直线相对承影面的位置不同，它们的投影与落影之间将遵循不同的规律，如平行规律、相交规律、垂直规律。

2. 当承影面为平面时，直线的落影一般为直线，作图时可根据直线的落影特点，作出其端点、折影点等特殊点的落影后连点成线，并灵活运用光线迹点法、光截面法、返回光线法、线面相交法、阴点虚影法等方法求解。

■ *举一反三思考题*

1. 如图 4-9 所示，完成直线 AB 在墙面上的落影。
2. 如图 4-10 所示，完成直线 AB 在平面 P 上的落影。

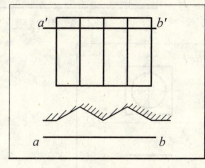

图 4-9 思考题 1 图

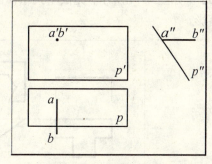

图 4-10 思考题 2 图

【4-4】 如图 4-11 所示，完成直线 AB 在台阶上的落影。

■ *分析*

铅垂线在不同位置承影面上的落影，除可利用承影面的积聚性投影运用光线迹点法求解之外，还可根据直线的落影规律完成作图。

■ *作图* 如图 4-12 所示。

1. 作出顶点 a 及各折影点的落影(见图(a))。
2. 完成作图(见图(b))。

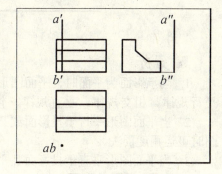

图 4-11 题 4-4 图

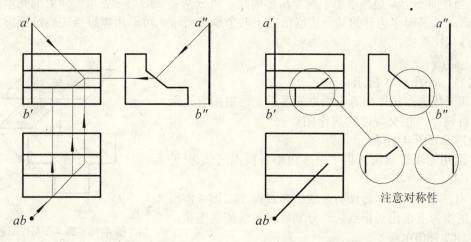

(a)步骤 1　　　　　　　　(b)步骤 2

图 4-12 题 4-4 作图过程

■ 题后点评

当某投影面垂直线落影在由另一投影面垂直面组成的承影面上时，该投影面垂直线在所垂直的投影面上的落影为一条与光线投影方向一致的45°直线，而落影的其余两投影彼此成对称图形(见图 4-12(b))。

■ 举一反三思考题

如图 4-13 所示，完成直线 AB 在建筑物上的落影。

【4-5】 如图 4-14 所示，完成下列平面图形在 V、H 面上的落影。

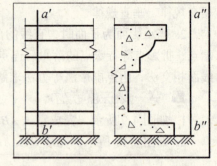

图 4-13 思考题图

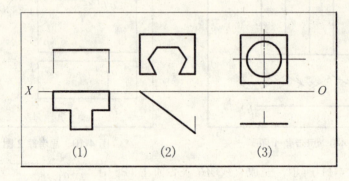

图 4-14 题 4-5 图

■ 分析

1. 当承影面为平面时，平面图形落影的影线为图形各边线的落影的组合，其落影仍符合平行规律、相交规律、垂直规律，作图时可参照求直线或曲线落影的分析与作图过程。

2. 当平面图形平行于投影面或某承影面时，其落影与平面图形的形状大小完全相同，作图时可运用度量法。

3. 当平面图形垂直于投影面且平行与某承影面时，其落影与平面图形形状相似，可利用承影面的积聚性进行作图。

4. 当平面图形某边线落影于两个承影面时，可分别将该图形在各承影面上的完整落影求出后组合。若平面多边形的某一边线落影于两个承影面时，可运用虚影点法确定折影点，然后用直线依次连接。

■ 作图

题(1) 如图 4-15 所示。

运用光线迹点法作出若干顶点的落影，再根据直线落影的平行规律、相交规律完成作图。

题(2) 如图 4-16 所示。

1. 运用光线迹点法作出平面多边形各顶点的落影(见图(a))。

2. 对落影于两个承影面的边线由在 H 面上实影点作出 V 面上的虚影点求出折影点后，分别将各边线依次连接，完成作图(见图(b))。

题(3) 如图 4-17 所示。

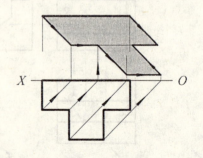

图 4-15 题 4-5(1)作图过程

1. 运用光线迹点法作出平面多边形及圆曲线的各特殊点的落影(见图(a))。
2. 该平面图形与 V 面平行，其在 V 面上的落影符合平行规律，在 H 面上的落影是作出半圆上的五个特殊点的落影，最后依次连接，完成作图(见图(b))。

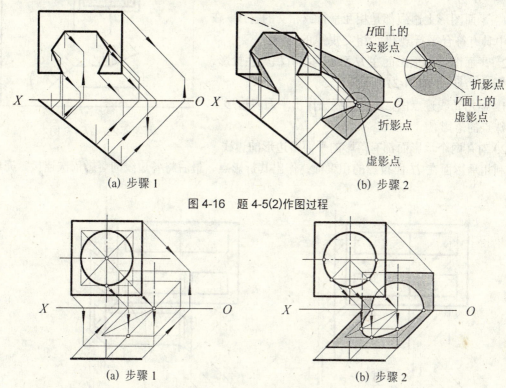

图 4-16 题 4-5(2)作图过程

图 4-17 题 4-5(3)作图过程

■ 题后点评

平面图形在光线照射下，会产生阴面、阳面。在正投影中加绘阴影，有时还需要判断平面图形的各个投影是阳面的投影还是阴面的投影。

■ 举一反三思考题

1. 如图 4-18 所示，完成镜框、吊绳在墙面上的落影。
2. 如图 4-19 所示，完成矩形平面 $ABCD$ 在折板面上的落影。

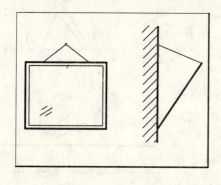

图 4-18 思考题 1 图

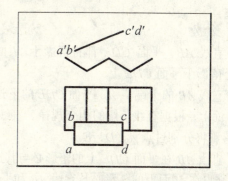

图 4-19 思考题 2 图

【4-6】 如图4-20所示，完成平面图形在折墙面上的落影。

■ *分析*

1. 平面图形上边线都是相互平行或相交的直线，在落影中具有符合平行规律、相交规律的特点。

2. 平面图形和承影面在 H 面上均具有积聚性投影。

■ *作图* 如图4-21所示。

1. 运用光线迹点法、返回光线法作出平面多边形上各特殊点的落影。

2. 对在两个承影面都有落影的平面多边形的边线，可以利用承影面在 H 面投影的积聚性，作出其折影点，最后将各边线的落影依次连接，完成作图。

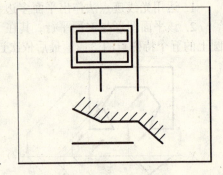

图4-20 题4-6图

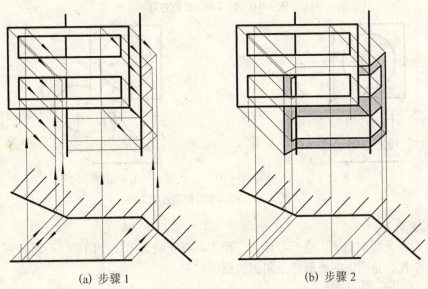

(a) 步骤1　　　　　　　(b) 步骤2

图4-21 题4-6作图过程

【4-7】 如图4-22所示，完成直线 AB 和平面 CDE 的落影。

■ *分析*

1. 直线 AB、平面 CDE 都将落影于 H 面上，直线 AB 还会落影于平面 CDE 上。

2. 直线 AB 的下端点 A、平面 CDE 的下边线 DE 都位于 H 面上，根据直线落影的相交规律，直线 AB、CD、CE 的落影将分别过点 A、D、E。

3. 直线 AB 在平面 CDE 上的落影必与其边线 CE 相交，该交点在 H 面上的落影必与直线 AB 和平面边线 CE 在 H 面上的落影的交点重合——过渡点对。

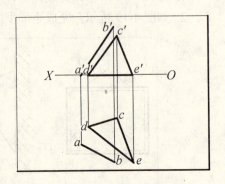

图4-22 题4-7图

■ **作图** 如图 4-23 所示。

1. 运用光线迹点法分别作出点 B、C 在 H 面上的落影,分别完成直线 AB 和平面 CDE 在 H 面上的落影(见图(a))。

2. 由直线 AB 和平面 CDE 在 H 面上重叠落影获得过渡点对,由过渡点对作返回光线求得直线 AB 在平面 CDE 上的落影,最后完成作图(见图(b))。

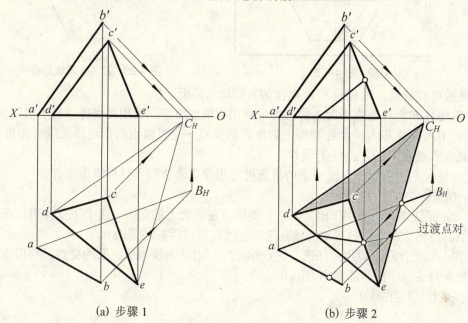

(a) 步骤 1　　　　　　(b) 步骤 2

图 4-23　题 4-7 作图过程

■ **题后点评**

1. 当平面图形处于一般位置时,除可以通过空间想象来判断平面图形是阳面还是阴面的投影之外,还可根据平面图形边线上若干点的投影与落影的顺序来判断。例如,本题中平面多边形的顶点 C、D、E 的投影 c、d、e 与落影 c_H、d、e 的顺序相同,则 C、D、E 的投影均为阳面的投影。若顺序不同,则只有投影为阴面的投影。

2. 当一直线落影于两个承影面时,将出现过渡点对,而在其中一个承影面(如地面)上过渡点较容易获得时,可以由此过渡点反求另一个过渡点。对求直线在该承影面的落影,可使作图简化。

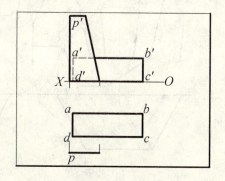

图 4-24　思考题图

■ **举一反三思考题**

如图 4-24 所示,完成平面 P 和矩形 $ABCD$ 在 V、H 面上的落影。

【4-8】　如图 4-25 所示,完成平面立体的落影。

■ **分析**

1. 该立体由六棱柱和六棱台组合而成,立体上的阴线分析如图 4-26 所示。阴影由三部分组成:立体自身上的阴面、立体在墙面上的落影、上六棱柱在下六棱台上的落影。

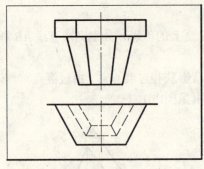
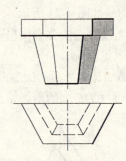

图4-25 题4-8图　　　　　　图4-26 题4-8阴线分析

2. 根据直观分析，六棱柱和六棱台的右部均为阴面。

3. 六棱柱和六棱台在墙面上的落影可利用积聚性投影，运用光线迹点法求出。

4. 利用六棱柱和六棱台在墙面上的落影的交点——过渡点对作返回光线可作出六棱柱侧垂阴线在六棱台上的落影(平行规律)。

5. 六棱柱左侧阴线在六棱台上的落影可运用光截面法和平行规律作出。

■ *作图* 如图4-27所示。

1. 运用光线迹点法分别作出立体上一些阴点在墙面上的落影。由上下立体阴线在墙面上的过渡点对作出上部立体的下端阴线在下部立体正面的落影(见图(a))。

2. 在上部立体左下阴线上任选一阴点作光线，求该光线与承影面的交点，利用该阴线与承影面的平行关系作出其落影(见图(b))。

3. 完成作图(见图(c))。

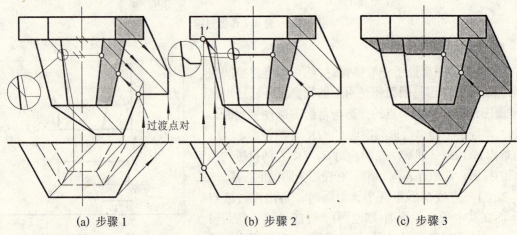

(a) 步骤1　　　　　　(b) 步骤2　　　　　　(c) 步骤3

图4-27 题4-8作图过程

■ *题后点评*

立体的阴影的求解关键在于确定阴面、阳面和阴线。若平面立体表面有积聚性投影，则可直观分析，判断阴面、阳面及确定阴线。若平面立体表面没有积聚性投影，可以先作出平面立体上的各棱线的落影，其包络图形就是平面立体的影子。

■ *举一反三思考题*

1. 如图4-28所示，完成组合体的落影。

2. 如图4-29所示，完成锥体的落影。

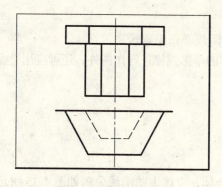

图 4-28 思考题 1 图

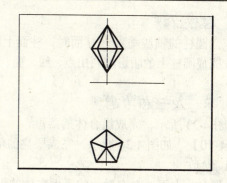

图 4-29 思考题 2 图

【4-9】 如图 4-30 所示，在曲面立体上加绘阴影。

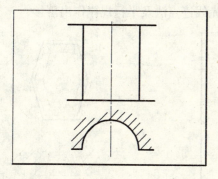

图 4-30 题 4-9 图

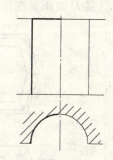

图 4-31 题 4-9 阴线分析

■ *分析*

1. 该立体为一内凹的柱面，立体上的阴线分析如图 4-31 所示。上空下实的柱体有两条阴线，其落影均位于内凹的柱面上。

2. 柱体在 H 面有积聚性投影，可利用积聚性并运用光线迹点法作图。

3. 柱面顶边线圆在柱面上的落影为曲线，可根据化线为点的思路，取阴线上若干点求出各阴点的落影，最后连点成线。

■ *作图* 如图 4-32 所示。

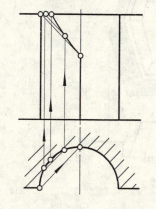
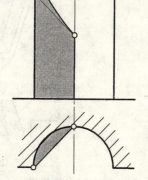

图 4-32 题 4-9 作图过程

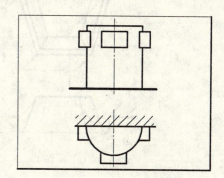

图 4-33 思考题图

■ *题后点评*

1. 当圆柱的轴线垂直于 H 面时，柱面上的阴线必是铅垂线。
2. 完成圆柱上的阴影除利用点、线、面、体的落影规律进行作图外，还可应用量度法配合作图。

■ *举一反三思考题*

如图 4-33 所示，完成组合体的落影。

【4-10】 如图 4-34 所示，完成壁龛的落影。

■ *分析*

1. 壁龛为上下、左右对称的平面立体的组合体，立体上的阴线分析如图 4-35 所示。阴影由三部分组成：壁龛自身上的阴面、壁龛在墙面上的落影、壁龛在自身上的落影。
2. 壁龛的内左、上及壁龛的外右、下为阴面。
3. 根据壁龛 H 面积聚性投影，可运用光线迹点法及平行规律作出落影。

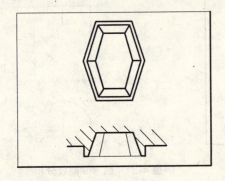
图 4-34 题 4-10 图

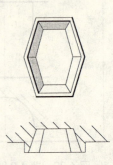
图 4-35 题 4-10 阴线分析

■ *作图* 如图 4-36 所示。

1. 运用光线迹点法分别作出两个阴点的落影，利用平行规律作出阴线在墙面及壁龛正面的落影（见图(a)）。
2. 根据相交规律作出壁龛内上及左下阴线在壁龛内壁斜面上的落影，完成作图（见图(b)）。

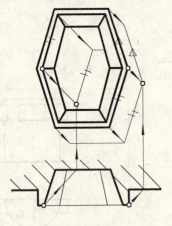
(a) 步骤 1

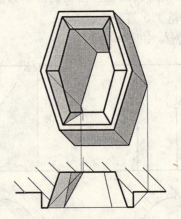
(b) 步骤 2

图 4-36 题 4-10 作图过程

■ *题后点评*

建筑物正投影中加绘阴影，关键是读懂投影图，弄清建筑物上的凸凹情况，分析阴线与承影面间的关系，同时灵活运用各种作图方法。

■ *举一反三思考题*

1. 如图 4-37 所示，完成花格的落影。
2. 如图 4-38 所示，完成壁橱的落影。

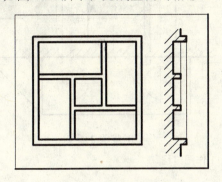

图 4-37 思考题 1 图

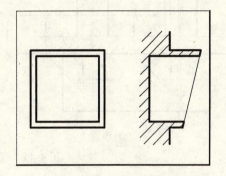

图 4-38 思考题 2 图

【4-11】 如图 4-39 所示，完成门廊的落影。

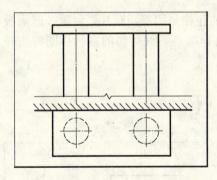

图 4-39 题 4-11 图

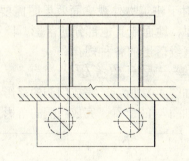

图 4-40 题 4-11 阴线分析

■ *分析*

1. 门廊为左右对称的曲面立体和平面立体组合而成。立体上的阴线分析如图 4-40 所示。阴影由四部分组成：圆柱的阴面、雨篷在墙面上的落影、雨篷在圆柱上的落影、圆柱在墙面上的落影。

2. 圆柱的阴线为与圆柱相切光平面与圆柱的切线。

3. 雨篷、圆柱在墙面上的落影可直接利用门廊的 H 面积聚性投影，运用光线迹点法及平行规律、相交规律、垂直规律作出落影。

4. 雨篷前下端的侧垂阴线在圆柱上的落影，可通过求过该阴线的光平面——45°侧垂面与圆柱相交的截交线完成作图。根据侧垂阴线的落影特点，该落影的 V 面投影是与圆柱有积聚性的 H 面投影相互对称的图形。

■ *作图* 如图 4-41 所示。

1. 运用光线迹点法及落影的平行规律、相交规律、垂直规律分别作出各阴线和阴线上端点在右墙面上的落影(见图(a))。

2. 利用雨篷出檐相等，借助正面投影左下侧正垂阴线作的光平面，与圆柱截切，得到截交线的中心后作出雨篷侧垂阴线在圆柱面上的落影，完成作图(见图(b))。

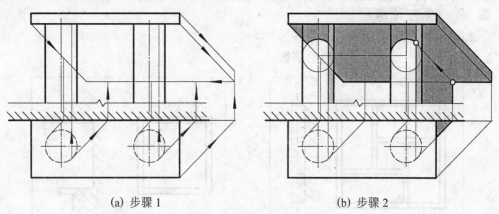

(a) 步骤1　　　　　　(b) 步骤2

图 4-41　题 4-11 作图过程

■ 题后点评

1. 雨篷前下端的侧垂阴线在圆柱上的落影，还可通过雨篷与圆柱上两交叉阴线在墙面上落影的交点——过渡点对作返回光线反向作图。

2. 对于建筑物外观立面效果图需要处理的往往是雨篷、圆柱、台阶、遮阳板等建筑细部在墙面、地面或其他部分的落影，除要熟练掌握点、线落影的多种作图方法外，还要灵活运用直线落影的各种规律。

■ 举一反三思考题

1. 如图 4-42 所示，完成门洞的落影。
2. 如图 4-43 所示，完成门洞的落影。

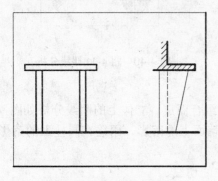
图 4-42　思考题 1 图

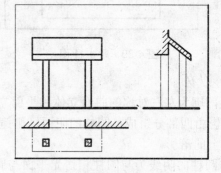
图 4-43　思考题 2 图

【4-12】 如图 4-44 所示，完成等高檐口、双坡顶房屋的落影。

■ 分析

1. 该房屋的阴线均为特殊位置直线，立体上的阴线分析如图 4-45 所示。阴线与承影面之间为平行或相交关系。

2. 利用房屋 H 面的积聚性投影，可将大部分阴线的落影作出。左前坡屋面右侧阴线将落影于三个承影面：右墙面、右屋檐檐口、右屋面。左后坡屋面右侧阴线将落影于右屋面上。

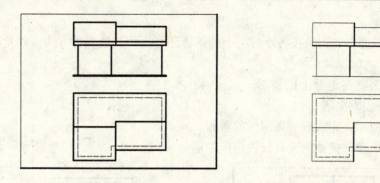

图 4-44 题 4-12 图　　　　　图 4-45 题 4-12 阴线分析

3. 左前坡屋面右侧阴线在右墙面、右屋面上的落影可先作出阴线上一个阴点的落影，然后根据平行规律作图；在右屋檐檐口的落影可运用延线扩面法求出。

■ *作图*　如图 4-46 所示。

1. 利用房屋 H 面的积聚性投影及落影的平行规律、垂直规律、相交规律，作出左、右屋檐及左墙角阴线在右墙面上的落影，并根据由左屋檐与右墙角阴线在右墙面上落影的一个过渡点作返回光线，在得到另一个过渡点后作出左屋檐线在左墙角面上的落影(见图(a))。

2. 在 H 面运用光线迹点法和延线扩面法求的侧平屋脊阴线最下点与右屋檐面的交点 1、1′ 和 2，由分比法求得 2′，连线 1′ 2′，得侧平屋脊阴线在右屋檐面上的落影。由平行规律作出该阴线在右墙面上的落影(见图(a))。

3. 利用侧平屋脊阴线在右屋檐面上落影与屋面的交点及该阴线与右屋面的平行关系，作出该阴线在右屋面上的部分落影。有光线迹点法及落影的相交规律作出前后侧平屋脊阴线在右屋面上的落影(见图(b))。

4. 影区标注，完成作图(见图(b))。

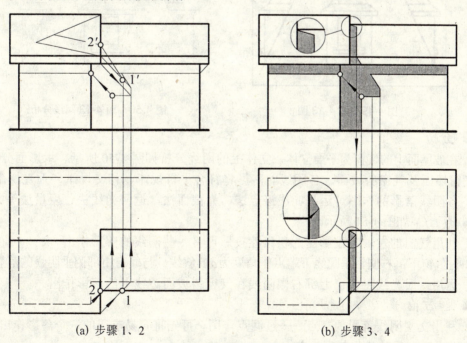

(a) 步骤 1、2　　　　　　(b) 步骤 3、4

图 4-46 题 4-12 作图过程

■ *题后点评*

1. 作左前坡屋面右侧阴线在各承影面上的落影还可运用其他多种方法，如光截面法、虚影法等。
2. 想象该建筑物在地面上的落影。

■ *举一反三思考题*

1. 如图 4-47 所示，完成双坡顶房屋的落影。
2. 如图 4-48 所示，完成相交双坡顶房屋的落影。

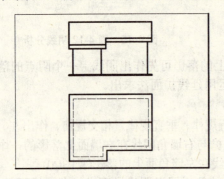

图 4-47　思考题 1 图

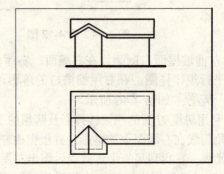

图 4-48　思考题 2 图

【4-13】　如图 4-49 所示，完成气窗各立面的落影。

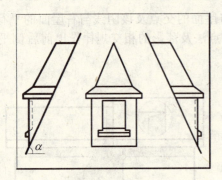

图 4-49　题 4-13 图

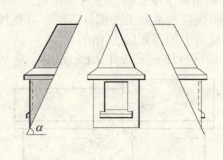

图 4-50　题 4-13 阴线分析

■ *分析*

1. 在坡屋面上的气窗为平面立体。立体上的阴线分析如图 4-50 所示。承影面分别为屋面、气窗墙面及气窗斜坡面。各阴线的落影将符合平行规律、相交规律、垂直规律。
2. 各阴线落影的作图可运用光线迹点法、光截面法、返回光线法、度量法等方法。

■ *作图*　如图 4-51 所示。

1. 利用气窗的左、右投影图的积聚性投影可将一些阴线的落影作出。
2. 过气窗下部右侧铅垂阴线下端点作角度为 α 的斜线，与气窗中部侧垂阴线的落影相交。
3. 运用返回光线将气窗上部右侧阴线在气窗斜坡面边线上的落影作出。

■ *题后点评*

1. 利用交叉阴线落影的交点——过渡点作图，可先将容易求得的一个落影作出，然后利用落影规律求得其他的落影。

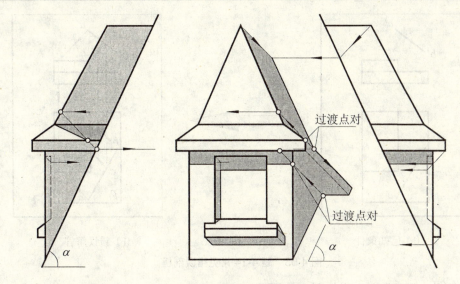

图 4-51　题 4-13 作图过程

2. 同一阴线的落影有多种作图方法求得，读者可灵活选用，以拓展思维空间。

■ *举一反三思考题*

如图 4-52 所示，完成不同形式的气窗在坡顶房屋面上的落影(请读者放大作图)。

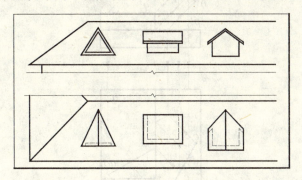

图 4-52　思考题图

4.1.5　常见错误剖析

【4-14】　如图 4-53 所示，完成直线 AB 在台阶上的落影。

■ *分析*

1. 一般位置直线 AB 将在台阶上落影，而台阶的承影面分别由两个水平面和一个侧平面组成(本题只作出在两个水平面上的落影)。

2. 因承影面间为平行或相交关系，所以直线 AB 在其上的落影符合平行规律、相交规律。

3. 由于水平面和侧平面在 V 面上均有积聚性投影，因此可利用该面投影作光线或返回光线作出端点和折影点的落影。

4. 本题错解的原因为：① 只考虑直线在两个水平面有落影而忽略了在侧平面上也有一段落影；② 忽视了直线 AB 在两个水平面上的落影不符合平行规律。

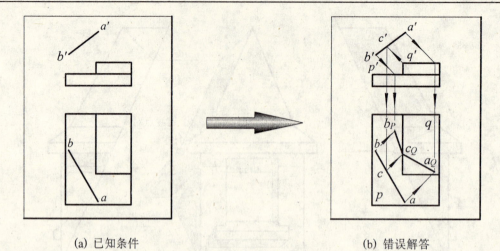

(a) 已知条件　　　　(b) 错误解答

图 4-53　题 4-14 常见错误剖析

■ *作图*　正确作图过程如图 4-54 所示。

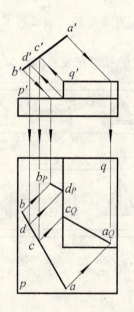

图 4-54　题 4-14 正确作图过程

【4-15】　如图 4-55 所示，完成曲面立体在 V 面上的落影。

■ *分析*

1. 圆柱管将在 V 面上(墙面上)产生落影，在光线照射下圆柱管上所形成的阴线共六条。
2. 由于圆柱管完全落影于 V 面上，这些阴线与承影面均为平行或垂直的关系，因此它们的落影符合平行规律、相交规律、垂直规律。
3. 本题错解的原因为：读图不全面，只找到了四条阴线，没有考虑到圆柱管内的两条阴线。阴线分析如图 4-56 所示。

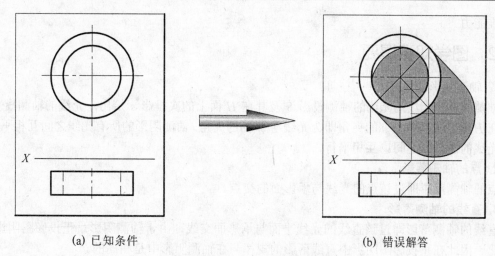

(a) 已知条件　　　　　　　　　(b) 错误解答

图 4-55　题 4-15 常见错误剖析

■ *作图*　正确作图过程如图 4-57 所示。

1. 分别将圆柱管内、外、前、后圆柱面的圆心的落影作出。
2. 根据阴线与承影面的平行关系和垂直关系，分别以两个圆心的落影为圆心作实形和外圆的切线，完成作图。

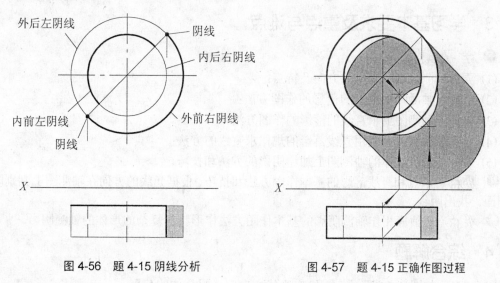

图 4-56　题 4-15 阴线分析　　　　　图 4-57　题 4-15 正确作图过程

4.2　轴测图的阴影

4.2.1　学习目的

在轴测图上加绘阴影会使轴测图具有更强的立体感和真实感，从而使图形更加具有艺术感染力。在建筑设计中，在轴测图上加绘阴影是一项很重要的技能。轴测阴影实际是正投影图阴影的立体化，因此，与学习正投影图的阴影的目的一样，学习轴测图阴影的目的，一方面是掌握在轴测图上加绘阴影的方法和技能，另一方面是在学习轴测图阴影的过程中不断提高思维能力。

4.2.2 图学知识提要

1. 轴测阴影的光线

轴测阴影的光线用光线的轴测投影 S 及其在 H 面上的次投影 s 给出。光线的轴测投影 S 与其在 H 面上的次投影 s 的夹角即为光线与 H 面的夹角。轴测阴影的所有光线之间互相平行，所有光线的次投影之间也互相平行。

2. 点的轴测落影

点的轴测落影即过该点的光线与承影面的交点。

3. 直线的轴测落影

直线的轴测落影即过该直线的光线平面与承影面交线。由于轴测阴影是正投影图阴影的立体化，因此在正投影图阴影中直线落影的规律与在轴测阴影中是相同的。

4. 立体的轴测阴影

在立体的轴测图上加绘阴影与在正投影图上加绘阴影的原理相同，但作图过程更加直观，其作图过程如下：

◆ 根据轴测阴影的光线方向在立体的图上判别阴面和阳面，找出阴线；
◆ 按照求直线落影的方法并应用直线落影的规律作出各段阴线的落影。

4.2.3 学习基本要求及重点与难点

● *学习基本要求*

(1) 弄清轴测阴影的光线的方向及特点；
(2) 掌握在轴测图上求点的落影的作图方法；
(3) 掌握在轴测图上求直线的落影的作图方法；
(4) 掌握在轴测图上应用直线落影的规律求直线的方法；
(5) 掌握在各种立体的轴测图上加绘阴影的方法和技巧。

● *重点* 求点和直线落影的基本作图方法和技巧，根据光线的方向在轴测图上判别阴面和阳面，找出阴线。

● *难点* 灵活应用作轴测阴影的基本作图方法作形状较复杂的形体的轴测阴影。

4.2.4 综合解题

【4-16】 如图 4-58 所示，按给定光线方向完成组合体的落影。

■ *分析*

1. 该立体由两个斜面相交的三棱柱组成。在给定光线照射下，在平面立体上形成的阴线及阴面如图 4-59 所示。
2. 该形体阴线将落影于地面和右三棱柱的斜面上。
3. 本题可运用光线迹点法、光截面法、返回光线法、延线扩面法作图。

■ *作图* 如图 4-60 所示。

1. 运用光线迹点法作出点 B 在地面上的虚影 B_H，得左三棱柱上阴线 AB 在地面上的落影 AB_H，并求得该落影与右三棱柱底边线的交点 D(见图(a))。

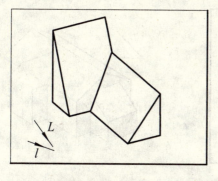
图 4-58 题 4-16 图

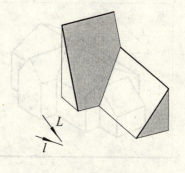
图 4-59 题 4-16 阴线分析

2. 由延线扩面法分别作出左三棱柱上阴线 AB 和 BC 与右三棱柱斜面 P 的交点 E 和 F，连线 FD 并延长，得该阴线在斜面上的落影 DB_P，连线 B_PE，得阴线 BC 在斜面上的落影。两三棱柱在右侧地面上的落影请读者自行分析(见图(b))。

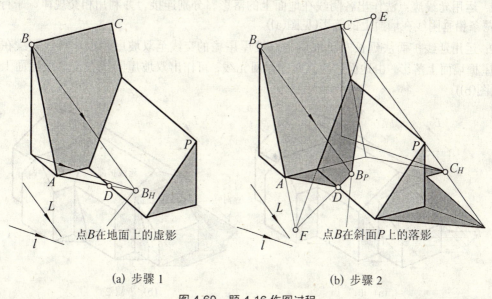

(a) 步骤 1　　　　　　　　　　(b) 步骤 2

图 4-60 题 4-16 作图过程

■ 题后点评

在轴测图上加绘阴影与在正投影图上加绘阴影相比，虽求作阴影的原理相同，应遵守的规律不变，但立体效果图上的阴影除与光线的方向有关，还与光线在几个重要承影面的落影方向——光线的次投影方向有关，与某承影面垂直的直线在该承影面上的落影方向和光线在该承影面上的次投影方向一致。如铅垂线在地面上的落影于光线在地面上的次投影——基投影一致。

【4-17】 如图 4-61 所示，按给定光线方向完成房屋模型的落影。

■ 分析

1. 该房屋模型均由平面立体组合而成。在给定光线照射下，在平面立体上形成的阴线及阴面如图 4-62 所示。

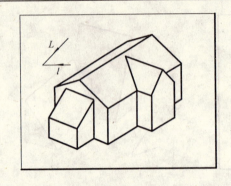
图 4-61　题 4-17 图

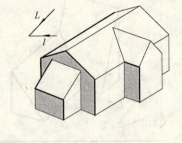
图 4-62　题 4-17 阴线分析

2. 该形体阴线将落影于地面和墙面、屋面。

3. 本题可运用光线迹点法、光截面法、返回光线法、延线扩面法等方法作图。

■ *作图*　如图 4-63 所示。

1. 运用光线迹点法作出各阴线在地面上的落影，分别连接，并利用相交规律、平行规律作出两条铅垂阴线在墙面上的落影(见图(a))。

2. 运用延线扩面法延长左单坡屋与双坡屋屋檐的交线至双坡屋阴线，得该阴线在左单坡屋屋檐墙面上落影。由地面过渡点对作返回光线，可作出双坡屋阴线在左单坡屋面上的落影(见图(b))。

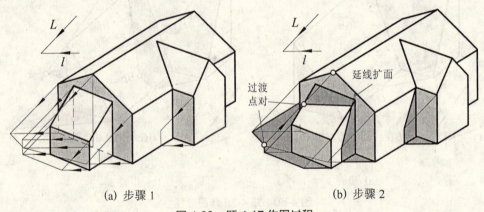

(a) 步骤 1　　　　　　　　(b) 步骤 2

图 4-63　题 4-17 作图过程

4.3　透视

4.3.1　学习目的

在学习正投影图的基础上，运用中心投影的方法可以将立体的正投影图转换为与视觉印象完全一致的透视图。学习透视投影的目的，一方面是全面了解透视图的形成原理，熟练地掌握作透视图的各种方法和技巧；另一方面是通过学习透视投影，引导学生在由平行投影向中心投影的转换过程中，在由一种思维方式向另一种思维方式反复转换的过程中，使思维更灵活，想象更丰富，有效地提高思维能力和空间想象能力。

4.3.2 图学知识提要

1. 透视图的形成及特点

(1) 在人眼与物体之间设置一个透明的投影面(画面)，由人眼向物体作视线，视线与画面相交形成的图形称为透视图。

(2) 透视图是利用中心投影原理绘制出的与视觉印象完全一致的工程图样。

基本术语：基面、画面、基线、视点、站点、视平面、视平线、心点等。

2. 点、直线和平面的透视

(1) 点的透视　点的透视即过该点的视线与画面的交点。点的基面投影的透视称为点的基透视。

(2) 直线的透视
- 直线的透视一般仍为直线，它是过该直线的视线平面与画面的交线；
- 直线的基面投影的透视称为直线的基透视；
- 直线与的画面的交点称为画面迹点；
- 直线上离画面无穷远点的透视称为直线的灭点；
- 直线的画面迹点与灭点的连线即为直线的透视方向(全透视)。

(3) 各种位置直线的透视
- 水平线的透视特点及作图方法；
- 画面垂直线的透视特点及作图方法；
- 画面平行线的透视特点及作图方法；
- 铅垂线的透视特点及作图方法；
- 求斜线的灭点及作斜线的透视的作图方法；
- 透视高度的确定。

位于画面上的铅垂线其透视即为本身，它反映了铅垂线的真实高度，称为真高线。在确定透视高度时，要利用真高线。

(4) 平面的透视
- 平面多边形的透视。
- 圆周的透视　平行画面的圆周，其透视仍然是圆周；不平行画面的圆周，其透视是椭圆，作其透视可采用八点法。
- 平面的灭线　过视点作与平面平行的视线的平面，视线平面与画面的交线成为平面的灭线。平面的灭线可以由平面上任意两条不同方向直线的灭点连线来决定。

3. 立体的透视

(1) 透视图的分类
- 一点透视　平面立体的三组主向轮廓线中，有两组主向轮廓线与画面平行，没有灭点，只有一组主向轮廓线与画面垂直，其灭点为心点。
- 二点透视　平面立体的三组主向轮廓线中，只有高度方向的轮廓线与画面平行，没有灭点，另外两组轮廓线与画面有夹角，分别有一个灭点。
- 三点透视　画面与基面倾斜，平面立体的三组主向轮廓线与画面都有夹角，这种透视图有三个灭点。

(2) 确定画面、视点与建筑物间的相对位置

◆ 确定视角的大小。人眼的水平视角最大可达 120°～148°，但视角的大小在 60°以内才清晰可见，30°～40°之间效果最为理想。

◆ 确定视点要考虑的因素有站点与建筑物的相对位置和选择视高等。

◆ 确定画面与建筑物的相对位置要考虑的因素有画面与建筑物立面的偏角大小和画面与建筑物的前后位置等。

4. 透视图的基本作图方法

作立体的透视通常先作出立体基面投影的透视(基透视)，然后再利用真高线确定立体的透视高度。作平面立体的基透视实际上也就是求直线的透视。

(1) 视线法　作直线透视时，在作出了直线的画面迹点和灭点，并连接直线的画面迹点和灭点确定直线的透视方向(全透视)后，再借助视线的水平投影作确定直线上某一点的透视位置的作图方法，称为视线法(或称为建筑师法)。在作立体的透视时，视线法是最常用的作图方法。

(2) 量点法　作直线透视时，在作出了直线的画面迹点 T 和灭点 F，并连接直线的画面迹点 T 和灭点 F 确定直线的透视方向(全透视)TF 后，为了确定直线上某一点(如点 A)的透视位置，采用过直线上的点 A 作辅助线 AA_1，作出直线的透视方向线 TF 和过直线上的点 A 的辅助线 AA_1 透视的交点，即为直线上的点 A 的透视。作辅助线 AA_1 时，使辅助线 AA_1 与画面的交点 A_1 到直线的画面迹点 T 的距离 TA_1 等于直线上的点 A 到直线的画面迹点 T 的距离 TA，辅助线 AA_1 的灭点(常用 M 表示)称为量点。在作立体的二点透视时，经常用到量点法。

(3) 距点法　在用量点法作画面垂直线的透视时，由于过直线上的点所作的辅助线与画面的夹角为 45°，辅助线的灭点 D 到心点 s^0 的距离等于视点 S 到心点 s^0 的距离，辅助线的灭点 D 点也称为距点。在作立体的一点透视时，经常用到距点法。

(4) 网格法　将建筑物平面图纳入一个正方形网格内，然后作出方格网的透视。再根据建筑物在方格网上的位置，在方格网的透视图上定出各建筑物的透视位置，并作出各建筑物的透视高度，从而作出透视图。网格法常用来作建筑群的鸟瞰图或形状较为复杂的建筑物的透视图。

(5) 建筑细部的透视分割　在作出了建筑物的主向轮廓的透视后，对建筑细部的透视采用分割直线和平面的作图方法来完成。

5. 圆柱体的透视

首先作出圆柱体两端圆周的透视，然后作出两端圆周的透视的公切线，即可作出其透视图。

6. 斜透视(三点透视)图

(1) 特点　画面与基面倾斜，透视图有三个灭点。

(2) 作斜透视(三点透视)图的方法

◆ 视线法；

◆ 量点法。

4.3.3　学习基本要求及重点与难点

1. 概述

● *学习基本要求*

(1) 明确透视基本的概念，弄清透视图的形成及特点；

(2) 弄清透视投影体系中的基面、画面、基线、视点、站点、视平面、视平线、心点等基本术语。

● *重点*　透视图的形成原理及透视投影体系。

● *难点*　将正投影图转换为透视图的思维转换过程。

2. 点、直线和平面的透视

● *学习基本要求*

(1) 掌握求点的透视的作图方法；

(2) 弄清直线的透视和基透视的概念；

(3) 弄清直线的画面迹点和灭点的概念，掌握求直线的灭点和画面迹点，确定直线的透视方向的方法；

(4) 掌握水平线的透视的作图方法；

(5) 掌握画面垂直线的透视的作图方法；

(6) 掌握画面平行线(包括铅垂线)的透视的作图方法；

(7) 弄清真高线的概念，掌握利用真高线确定直线的透视高度的方法；

(8) 掌握作平面多边形透视的作图方法；

(9) 掌握作圆周的透视的作图方法；

(10) 弄清平面的灭线的概念。

● *重点*　求点的透视的作图方法，求直线的灭点和画面迹点方法，确定直线的透视方向，各种位置直线的透视，真高线的概念。

● *难点*　直线的画面迹点和灭点的概念，确定直线的透视方向，作画面平行线(包括铅垂线)的透视；利用真高线确定直线的透视高度，圆周的透视的作图方法。

3. 立体的透视

● *学习基本要求*

(1) 弄清一点透视、二点透视和三点透视的特点及它们之间的区别；

(2) 掌握如何合理地确定画面、视点与建筑物间的相对位置，从而作出透视效果良好的透视图的方法。

● *重点*　不同类型透视图的特点、作出表达效果良好的透视图要考虑的几个因素。

● *难点*　如何合理地确定画面、视点与建筑物间的相对位置。

4. 透视图的基本作图方法

● *学习基本要求*

(1) 熟练掌握用视线法作建筑形体透视的作图方法；

(2) 熟练掌握用量点法作各种建筑形体两点透视的作图方法；

(3) 熟练掌握用距点法作各种建筑形体一点透视的作图方法；

(4) 熟练掌握用网格法作建筑群的鸟瞰图和形状较为复杂的建筑物的透视图的作图方法。

● *重点*　视线法和量点法的基本作图原理及作图技巧。

● *难点*　作形状较为复杂的建筑物的透视图。

5. 圆柱体的透视

● *学习基本要求*　掌握利用作圆周的透视的原理作圆柱体透视作图方法。

● *重点*　圆柱体透视的特点。

- **难点** 在透视图上准确地确定圆柱体上各圆周的形状和透视位置。

6. 斜透视(三点透视)图
- **学习基本要求** 掌握作斜透视(三点透视)图的基本作图方法。
- **重点** 斜透视(三点透视)图画面的特点，视平线的正确位置，三个灭点的正确位置。
- **难点** 如何将斜画面连同斜画面上的视平线、三个灭点一起绕其基线旋转到与投影面平行的位置，并作出斜透视(三点透视)图。

4.3.4 综合解题

【4-18】 如图 4-64 所示，用视线法作建筑形体的一点透视。

■ **分析**

由于建筑形体的正立面与画面平行，建筑形体的三组主向轮廓线中，位于正立面上一组横向轮廓线和一组竖向轮廓线没有灭点，其透视方向不变。而另一组纵向轮廓线与画面垂直，其灭点为心点 s^0。

■ **解题思路**

作图时，先作出心点 s^0，然后再用作画面垂直线的透视和基透视的方法，作出建筑形体上各点的透视，即可作出建筑形体的透视图。

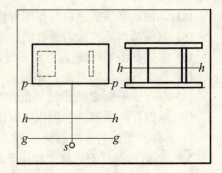

图 4-64 题 4-18 图

■ **作图**

1. 作出纵向轮廓线的灭点——心点 s^0。
2. 作出室内地面和屋顶的透视(见图 4-65)。室内地面和屋顶的前端面与画面重合，可直接从立面图上量取尺寸作出其透视，然后将室内地面和屋顶前端面上各顶点与心点 s^0 相连，再在平面图上由站点分别引视线 $s1$ 和 $s2$，即可作出室内地面和屋顶的透视。

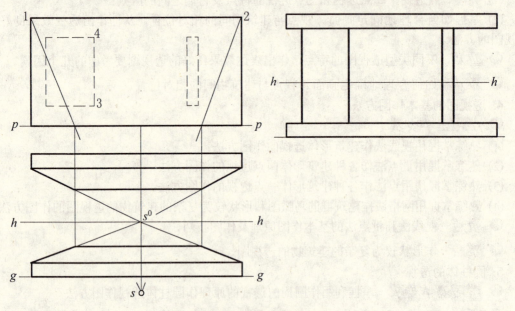

图 4-65 题 4-18 作图步骤 1、2

3. 作出左侧墙的透视(见图 4-66)。作墙的真高线 AB，在 AB 上截取墙角的长度 B_1B，分别连线 s^0B_1 和 s^0B；再由站点 s 分别引视线 $s3$ 和 $s4$，即可作出墙的右侧面的透视 $3^0 3_1^0 4_1^0 4^0$；最后分别由点 3^0 和 3_1^0 向左作水平线，即可作出墙的透视。

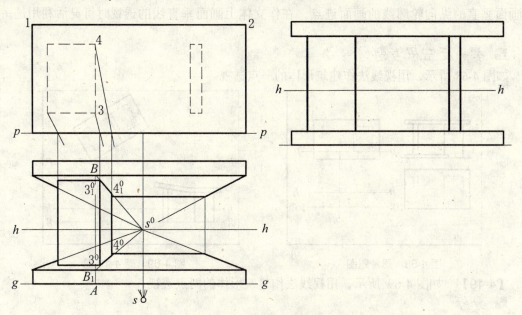

图 4-66 题 4-18 作图步骤 3

4. 按照与作墙的透视同样的方法作出右边柱子的透视，即可完成建筑形体的一点透视，(见图 4-67)。

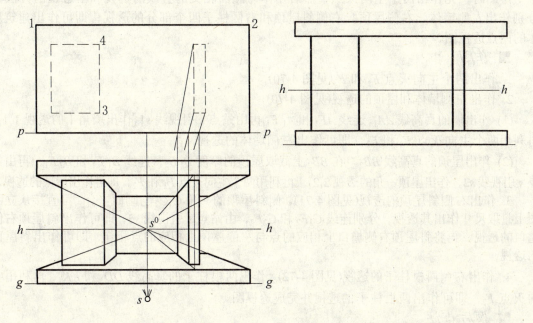

图 4-67 题 4-18 作图步骤 4

■ *题后点评*

1. 作一点透视图的关键是作画面垂直线的透视，在画面垂直线的透视上定点。

2. 在作立体的一点透视图时，立体位于画面上的平面多边形的各个顶点，往往是立体上与画面垂直的纵向轮廓线的画面迹点，在作立体上画面垂直线的透视时可灵活利用这一特点。

■ *举一反三思考题*

如图 4-68 所示，用视线法作建筑形体的一点透视。

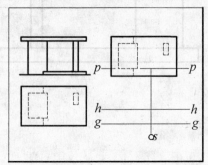
图 4-68 思考题图

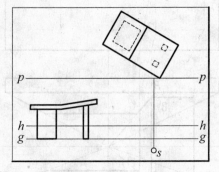
图 4-69 题 4-19 图

【4-19】 如图 4-69 所示，用视线法作建筑形体的两点透视。

■ *分析*

本题要求作两点透视，即建筑形体的三组主向轮廓线中，位于竖向的一组轮廓线与画面平行没有灭点，而另外两组轮廓线与画面相交有灭点。

■ *解题思路*

作图时，先作出两个主向灭点，然后用作与画面相交的直线的透视和基透视的方法，分别作出左侧墙体、右侧屋顶、右侧斜屋顶和右侧柱子四个部分的透视，即可作出建筑形体的两点透视图。

■ *作图*

1. 作出两个主向灭点 F_1 和 F_2 (见图 4-70)。

2. 作出左侧墙体和屋顶的透视(见图 4-70)。

(1) 作出墙的真高线 AA_1，连线 AF_1 和 A_1F_1，再由站点 s 引视线 $s1$，作出墙角 1 的透视 $1^0 1_1^0$，再利用两个主向灭点 F_1 和 F_2，即可作出左侧墙体的透视。

(2) 作出屋顶的真高线 BB_2，在 BB_2 上截取屋顶的厚度 B_1B_2，连线 B_1F_1 和 B_2F_1，再由站点 s 引视线 $s2$，作出屋顶一角的透视 $2_1^0 2_2^0$，再利用两个主向灭点 F_1 和 F_2，即可作出屋顶的透视。

3. 作出右侧斜屋顶的透视(见图 4-71)。侧斜屋顶的一角 C_1C_2 与画面重合，可直接从立面图上量取尺寸作出其透视，分别连线 C_1F_2 和 C_2F_2，由站点 s 引视线 $s3$，即可作出斜屋顶右侧檐口的透视。再将斜屋顶右侧檐口上相应的点与左侧屋顶上相应的点相连，即可作出斜屋顶的透视。

4. 作出右侧两根柱子的透视(见图 4-72)。作出两根柱子的真高线 DD_1 和 KK_1，再利用主向灭点 F_2，即可作出两根柱子的透视并完成透视图。

■ *题后点评*

1. 作立体的两点透视图的关键是先作出平面图的透视，然后再利用真高线竖高度。

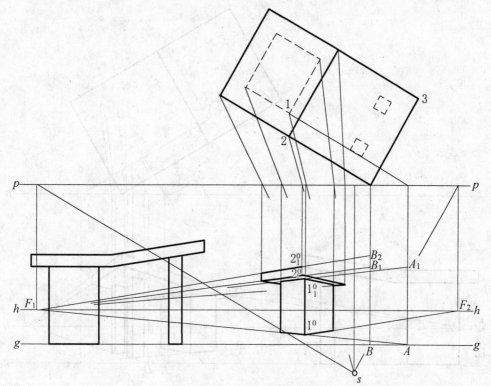

图 4-70　题 4-19 作图步骤 1、2

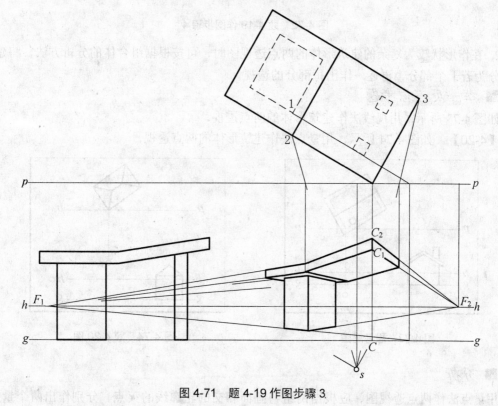

图 4-71　题 4-19 作图步骤 3

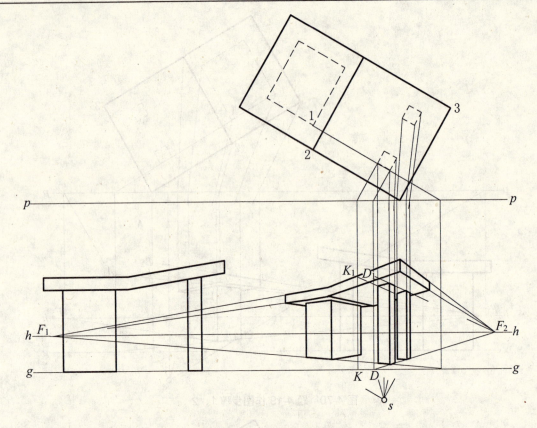

图 4-72　题 4-19 作图步骤 4

2. 在作形状较为复杂的建筑形体的两点透视图时，可按根据组合体的分析方法，将建筑形体分为若干个部分，再逐一作出每部分的透视。

■ 举一反三思考题

如图 4-73 所示，用视线法作建筑形体的两点透视。

【4-20】　如图 4-74 所示，用量点法作建筑形体的两点透视。

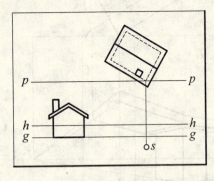

图 4-73　思考题图

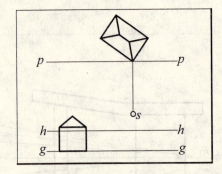

图 4-74　题 4-20 图

■ 分析

用量点法作两点透视图，应根据两组与画面相交的轮廓线的灭点，分别作出两个量点，然后利用量点对直线进行透视分割。

■ *解题思路*

作图时，先作出用量点法作出建筑形体的基透视，再利用真高线竖高度，即可作出建筑形体的透视图。

■ *作图*

1. 作出两个主向灭点 F_1、F_2 和两个量点 M_1、M_2（见图 4-75）。

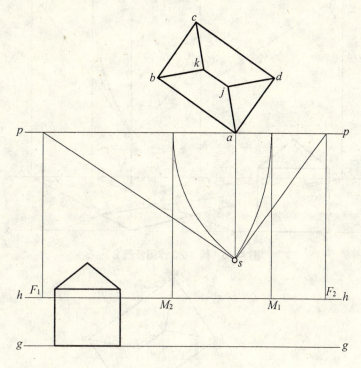

图 4-75　题 4-20 作图步骤 1

2. 作出墙的基透视（见图 4-76）。

(1) 墙角 a 位于画面上，作出点 a 的透视 a^0，连线 $a^0 F_1$，在基线 g-g 上由点 a^0 向左截取 $a^0 b_1$，使 $a^0 b_1$ 与 ab 相等，连线 $b_1 M_1$ 与 $a^0 F_1$ 相交，得点 b^0；

(2) 连线 $a^0 F_2$，在基线 g-g 上由点 a^0 向右截取 $a^0 d_1$，使 $a^0 d_1$ 与 ad 相等，连线 $d_1 M_2$ 与 $a^0 F_2$ 相交，得点 d^0；

(3) 再分别连线 $b^0 F_2$ 和 $d^0 F_1$ 即可作出墙的基透视。

3. 作出屋脊的基透视（见图 4-77）。在平面图上延长 jk，作出其画面迹点 n^0，连线 $n^0 F_1$，在基线 g-g 上由点 n^0 向左分别截取 $n^0 j_1$ 和 $n^0 k_1$，使 $n^0 j_1$ 和 $n^0 k_1$ 分别与 nj 和 nk 相等，再分别连线 $j_1 M_1$ 和 $k_1 M_1$ 与 $n^0 F_1$ 分别相交，得点 j^0 和 k^0，即可作出屋脊的基透视。

4. 竖高度作出建筑形体的透视图（见图 4-78）。作出墙的真高线 $a^0 a_1^0$，再利用主向灭点 F_1 和 F_2 即可作出墙的透视；作出屋脊的真高线 $n^0 n_1^0$，再利用主向灭点 F_1 即可作出屋脊的透视，并完成透视图。

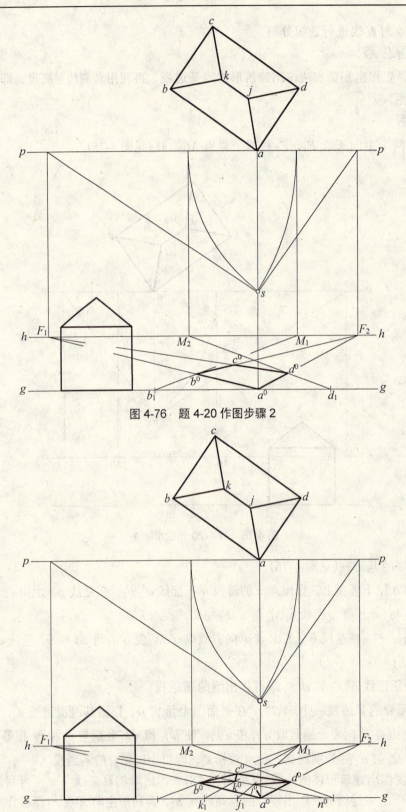

图 4-76 题 4-20 作图步骤 2

图 4-77 题 4-20 作图步骤 3

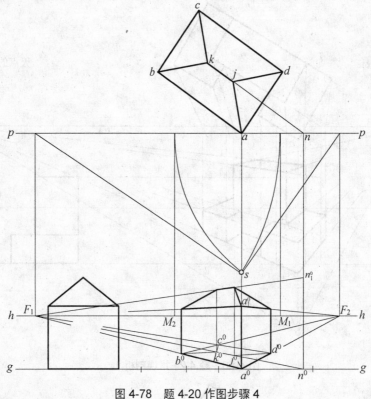

图 4-78　题 4-20 作图步骤 4

■ **题后点评**

1. 在作一条直线的透视时，如果直线上的点比较多，用量点法对直线进行透视分割作图较为快捷。

2. 在用量点法解题时应注意：如果要对 F_1 方向的直线进行透视分割，则应由该直线的画面迹点向左截取点；如果要对 F_2 方向的直线进行透视分割，则应由该直线的画面迹点向右截取点。

4.3.5　常见错误剖析

【4-21】　如图 4-79 所示，用视线法作建筑形体的两点透视。

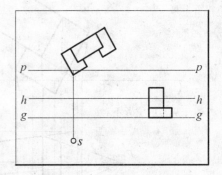

图 4-79　题 4-21 图

■ **分析**

1. 直线的灭点为过视点所作的与该直线的平行线与画面的交点。对于本题中的灭点，正确的作图方法应该是：先在平面图上由站点作直线的平行线与画面 p-p 相交，再由其交点向下作竖直线与视平线 h-h 相交的交点才是灭点（见图 4-83）。在图 4-80 错误剖析 1 中，把由站点所作的直线的平行线与画面 p-p 的交点当成了灭点；在图 4-81 错误剖析 2 中，把由站点所作的直线的平行线与视平线 h-h 的交点当成了灭点。因此，所作的透视图严重变形。

2. 在两点透视图中，由直线的画面迹点所作的铅垂线反映铅垂线的真实高度，称为真高线。真高线是确定立体透视高度的依据。而在图 4-82 错误剖析 3 中，由于建筑形体平面图上的点 a 不在画面 p-p 上，透视图上的棱角线 AA_1 不是真高线，其透视图不正确。

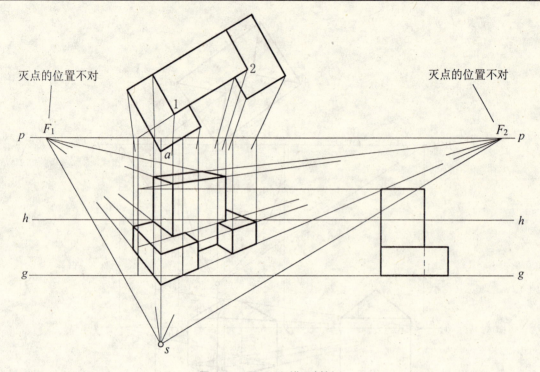

图 4-80　题 4-21 错误剖析 1

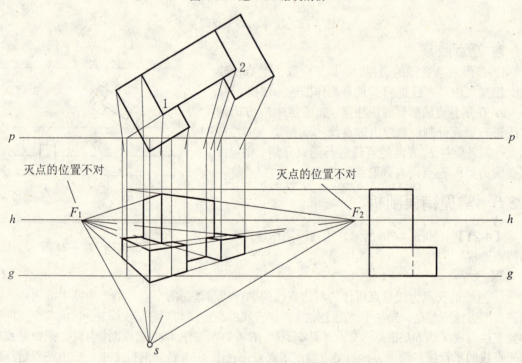

图 4-81　题 4-21 错误剖析 2

3. 以上三种错误，是初学者在作图时经常容易犯的，其原因之一是初学者对透视图的概念和作图方法还不够熟悉，原因之二是初学者还没有完全适应由平行投影向中心投影的思维转换。因此，初学者在作图时应多注意这些问题。

■ *作图*　正确作图过程如图 4-84、图 4-85、图 4-86 所示。

1. 作出两个主向灭点 F_1 和 F_2（见图 4-84）。

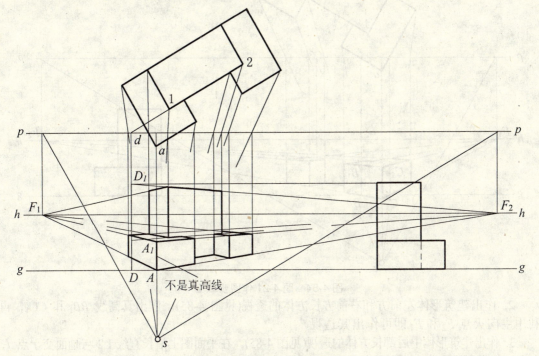

图 4-82　题 4-21 错误剖析 3

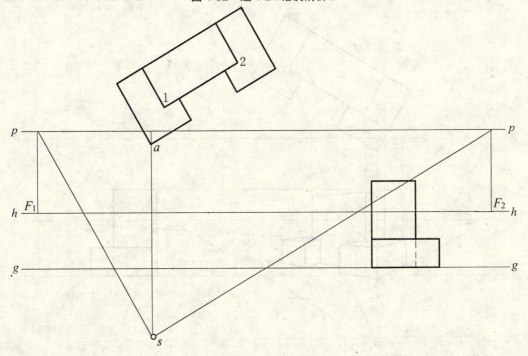

图 4-83　题 4-21 作图步骤 1

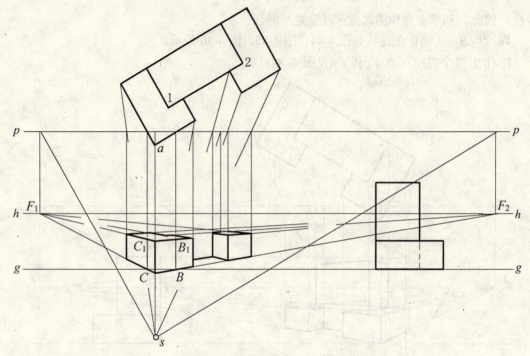

图 4-84　题 4-21 作图步骤 2

2. 作出建筑形体左前方和右前方长方体的透视(见图 4-85)。作出真高线 BB_1 和 CC_1，再利用主向灭点 F_2 和 F_1 即可作出其透视。

3. 作出建筑形体中后部长方体的透视(见图 4-85)。在平面图上沿长直线 1 2 与画面交于点 d，由点 d 作真高线 DD_1，再利用真高线 DD_1 和主向灭点 F_2 和 F_1 即可作出其透视，并完成透视图。

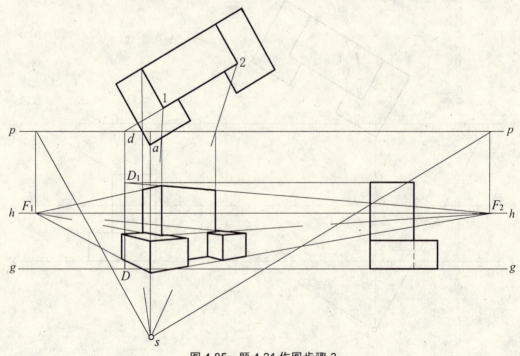

图 4-85　题 4-21 作图步骤 3

4.4 透视图的阴影

4.4.1 学习目的

在学习了正投影图的阴影和轴测投影图的基础上，进一步学习并掌握在透视图上加绘阴影的各种技能，可以增强透视图立体感和真实感，使透视图更加具有艺术感染力。与在正投影图和轴测投影图上加绘阴影一样，在透视图上加绘阴影也是一个二次投影的过程。因此，学习本部分内容的目的是熟练地掌握在透视图上加绘阴影的各种技能，并在学习的过程中进一步提高空间想象能力。

4.4.2 图学知识提要

1. 画面平行光线下的透视阴影

(1) 光线的透视方向　光线与画面平行，没有灭点。光线的透视与光线平行，光线的基透视与光线的基面投影平行。在作图时，光线与光线的基面投影的夹角可根据建筑形体的特点和透视图表达效果的需要来决定。

(2) 点的透视落影　点的透视落影即过该点的光线与承影面的交点。

(3) 直线的透视落影　直线的落影即过该直线的光线平面与承影面交线。

(4) 画面平行光线下直线落影的透视规律

◆ 平行于画面的直线在承影面上的落影与承影面的灭线平行；

◆ 平行于承影面的直线与其在承影面上的落影有同一灭点；

◆ 与画面相交直线落影的灭点为包含该直线的光平面灭线与承影面灭线的交点。

(5) 由平面立体组成的建筑形体的透视阴影

◆ 根据画面平行光线的透视方向在立体的透视图上判别阴面和阳面，找出阴线；

◆ 按照在画面平行光线下求直线落影的方法并应用直线落影的透视规律作出各段阴线的落影。

2. 画面相交光线下的透视阴影

(1) 光线的透视方向　光线的灭点为 F_L，光线的基灭点为 F_l。光线的灭点 F_L 和光线的基灭点 F_l 位于同一条竖直线上。作图时，光线的方向可根据建筑形体的特点和透视图表达效果的需要来决定，光线可以从观察者的背后射向画面，此时，光线的灭点 F_L 在视平线上方；光线也可以从画面后方向观察者迎面射来，此时，光线的灭点 F_L 在视平线下方。

(2) 点的透视落影　点的透视落影即过该点的光线与承影面的交点。

(3) 直线的透视落影　直线的落影即过该直线的光线平面与承影面的交线。

(4) 画面平行光线下直线落影的透视规律

◆ 铅垂线在水平面上的落影指向光线的基灭点 F_l；

◆ 平行于承影面的直线与其在承影面上的落影有同一灭点；

◆ 与画面相交直线落影的灭点为包含该直线的光平面灭线与承影面灭线的交点。

(5) 由平面立体组成的建筑形体的透视阴影

◆ 根据画面相交光线的透视方向(光线的灭点为 F_L，光线的基灭点为 F_l)在立体的透视图上判别阴面和阳面，找出阴线；

◆ 按照在画面相交光线下求直线落影的方法并应用直线落影的透视规律作出各段阴线的落影。

4.4.3 学习基本要求及重点与难点

1. 画面平行光线下的透视阴影
● *学习基本要求*
(1) 弄清画面平行光线的透视和基透视方向；
(2) 掌握在画面平行光线下点的透视落影的作图方法；
(3) 掌握在画面平行光线下直线的透视落影的作图方法；
(4) 掌握在画面平行光线下直线落影的透视规律；
(5) 掌握用画面平行光线在建筑形体的透视图上加绘阴影的方法和技巧。
● *重点*　画面平行光线的透视和基透视方向，求直线的透视落影的作图方法。
● *难点*　用画面平行光线在形状复杂的建筑形体的透视图上加绘阴影。

2. 画面相交光线下的透视阴影
● *学习基本要求*
(1) 弄清画面相交光线的透视和基透视方向；
(2) 掌握在画面相交光线下点的透视落影的作图方法；
(3) 掌握在画面相交光线下直线的透视落影的作图方法；
(4) 掌握在画面相交光线下直线落影的透视规律；
(5) 掌握用画面相交光线在建筑形体的透视图上加绘阴影的方法和技巧。
● *重点*　画面相交光线的透视和基透视方向，求直线的透视落影的作图方法。
● *难点*　用画面相交光线在形状复杂的建筑形体的透视图上加绘阴影。

4.4.4 综合解题

【4-22】 如图 4-86 所示，求建筑物在画面平行光线下的透视阴影。

■ *分析*

该建筑物为平面立体，在指定的画面平行光线照射下，阴面及阴线分析如图 4-87 所示。承影面分别为地面、墙面。提示：本题可运用光线迹点法、延线扩面法等方法作图。

■ *作图*　如图 4-88 所示。

1. 作出建筑物左上部雨篷阴线在墙面上的落影。利用雨篷底面作为基面作出光线在该面上的基面投影，在作出左端阴点在墙面上的落影后，根据落影的平行规律、相交规律完成作图。

2. 作出建筑物中部阴线在地面、墙面上的落影。以及建筑物右、后部阴线在地面上的落影。根据落影的垂直规律、平行规律、相交规律完成作图。

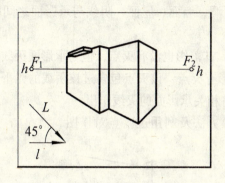

图 4-86　题 4-22 图

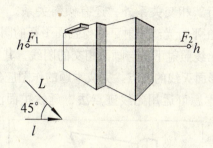

图 4-87　题 4-22 阴面、阴线分析

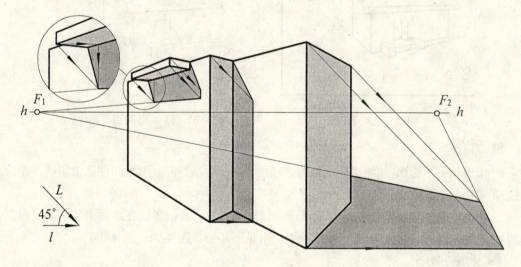

图 4-88　题 4-22 作图过程

■ *题后点评*

1. 与在轴测图上加绘阴影一样，在透视图上加绘阴影应遵守落影规律不变的原理。透视图上的阴影除与光线的空间的方向有关之外，还与光线在地面上的次投影——光线基投影有关。求作阴影还应遵循透视图平行关系共灭点的原理。

2. 将建筑物上与地面平行的平面(如顶面、底面)作为基面的辅助面，作建筑细部的基透视及落影，是常用的作图手段。

■ *举一反三思考题*

如图 4-89 所示，求带有雨篷和壁柱的门洞的阴影。

【4-23】　如图 4-90 所示，求在平行光线下的透视阴影。

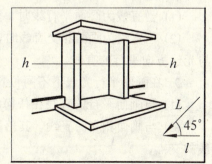

图 4-89　思考题图

■ *分析*

1. 该建筑物均为平面立体组合而成，在指定的画面平行光线照射下，阴面、阴线分析如图 4-91 所示。承影面分别为地面、台阶、门洞、墙面、屋面。阴线与承影面之间除有垂直、平行、相交关系外，还有倾斜关系。

2. 在平行光线照射下的与画面平行的阴线，其落影也没有灭点，但与承影面灭线平行；在平行光线照射下的与画面相交的阴线，其落影有灭点，该灭点包含过该阴线的光平面的灭线与承影面灭线的交点。完成本题的作图应先将相关承影面的灭线作出。

3. 本题可运用光线迹点法、延线扩面法等方法及利用过渡点对作图。

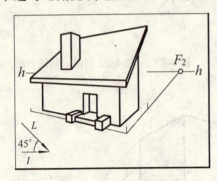
图 4-90　题 4-23 图

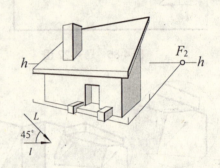
图 4-91　题 4-23 阴面、阴线分析

■ *作图*

1. 作出相关承影面(如坡屋面、地面、墙面)的灭线及过相关阴线(如烟囱上阴线、屋面上阴线)光平面的灭线(见图 4-92)。

2. 作出建筑物中部阴线在地面及墙面上、建筑物右、后部阴线在地面上的落影。根据落影的垂直规律、平行规律、相交规律完成作图(见图 4-93、图 4-94、图 4-95)。

■ *题后点评*

1. 作承影面的灭线的方法：

(1) 铅垂面的灭线为过其中一主向线的灭点所作铅垂线；

(2) 水平面的灭线为视平线；

(3) 倾斜面的灭线为斜面上两条直线灭点的连线。

2. 在画面平行光线下作包含直线光平面的灭线的方法：

(1) 当直线为画面平行线时，包含该直线的光平面为无灭平面；

(2) 当直线为画面相交直线时，包含该直线的光平面的灭线为过该直线的灭点所作的与光线方向平行的直线。

3. 在画面平行光线下不同位置直线在各承影面上的落影特点：

(1) 与画面平行的直线在任何承影面上的落影，都与承影面的灭线平行；

(2) 与画面相交的直线，其落影有灭点，该灭点为包含直线光平面与承影面光平面灭线的交点。

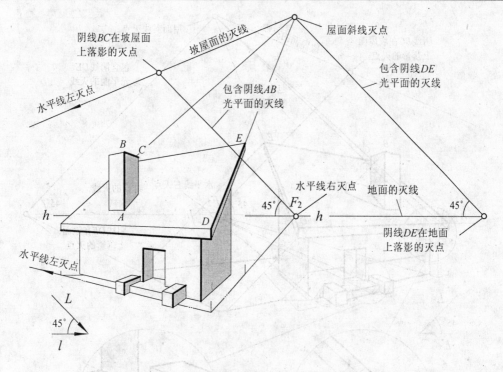

图 4-92 题 4-23 相关灭线、灭点分析过程

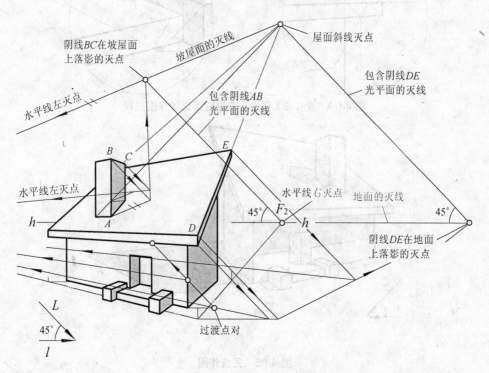

图 4-93 题 4-23 烟囱、前后屋檐、墙角落影的作图过程

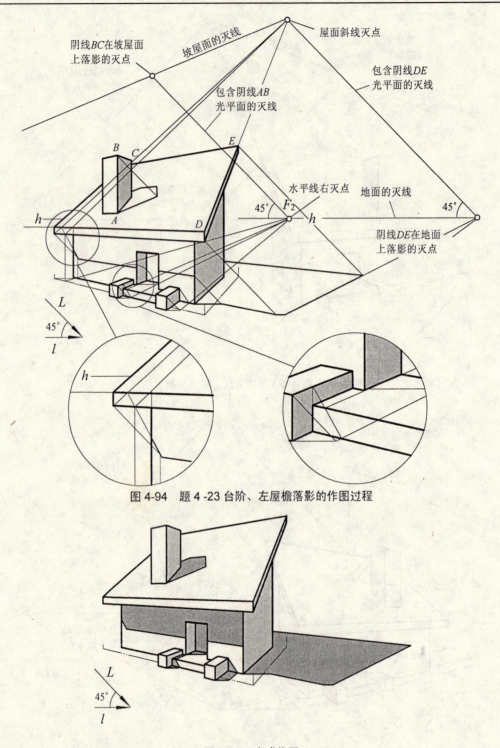

图 4-94 题 4-23 台阶、左屋檐落影的作图过程

图 4-95 完成作图

■ *举一反三思考题*

1. 如图 4-96 所示，求作形体的阴影。

2. 如图 4-97 所示，完成房屋模型的阴影。

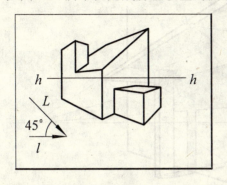

图 4-96　思考题 1 图

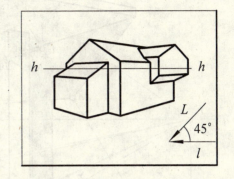

图 4-97　思考题 2 图

【4-24】　如图 4-98 所示，求作门廊在画面相交光线下的阴影。

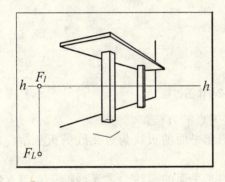

图 4-98　题 4-24 图

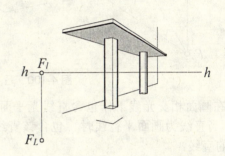

图 4-99　题 4-24 阴面、阴线分析

■ *分析*

该门廊为平面立体组合而成，根据光线灭点 F_L 的位置可知，光线从观察者背后的右上方照射过来。由于光线灭点在该建筑物的两主向线灭点之间，其阴面及阴线分析如图 4-99 所示。承影面分别为地面、墙面和柱面。提示：本题可运用光线迹点法、延线扩面法等方法作图。

■ *作图*　如图 4-100 所示。

1. 作门廊雨篷在墙面上的落影。以雨篷底面作为基面的辅助面，可求得过点 A 的光平面与雨篷底面及墙面的交线及点 A 在墙面上的落影。根据直线落影的相交规律和平行规律，作出雨篷底面在墙面上的落影。

2. 作雨篷在柱面上的落影。运用延线扩面法将柱前端面与雨篷底面的交线延长后，可求得可求得过点 A 的光平面与柱前端面的交线及点 A 在柱前端面上的落影(虚影)A_Z。延长左柱左端面与雨篷底面的交线，与阴线相交于点 B，可求得点 B 在柱棱上的落影 B_Z。延长 BB_Z 可作出该阴线在左柱左端面上的落影，同样可求得该阴线在右柱面上的落影。

3. 作柱在地面和墙面上的落影。

■ *题后点评*

1. 求雨篷底面在柱面上的落影可利用雨篷与柱在墙面上落影的过渡点对。

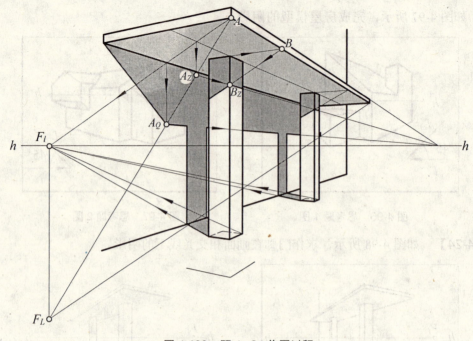

图 4-100　题 4-24 作图过程

2. 在画面相交光线下作包含直线光平面的灭点的方法：

(1) 当直线为画面平行线时，包含该直线的光平面的灭线为过光线的灭点所作的与直线平行的直线；

(2) 当直线为画面相交线时，包含该直线的光平面的灭线为过光线的灭点与直线灭点的连线。

3. 在画面相交光线下不同位置直线在各承影面上的落影特点：

(1) 当包含直线光平面的灭线与承影面的灭线有交点时，该交点即为直线落影的灭点。

(2) 当直线同时平行于包含直线光平面的灭线和承影面的灭线时，直线的落影与直线本身平行。如本题中柱子侧棱线在地面上的落影，其灭点为光线的基灭点，在墙面上的落影平行与直线本身。

■ 举一反三思考题

1. 如图 4-101 所示，求作小屋的阴影。
2. 如图 4-102 所示，完成已知点 A 的落影 A_0，完成挑檐的阴影。

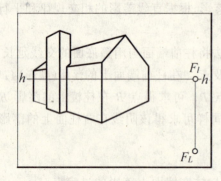

图 4-101　思考题 1 图

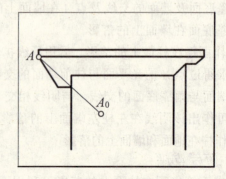

图 4-102　思考题 2 图

附录A 华中科技大学土木类专业工程制图部分试卷

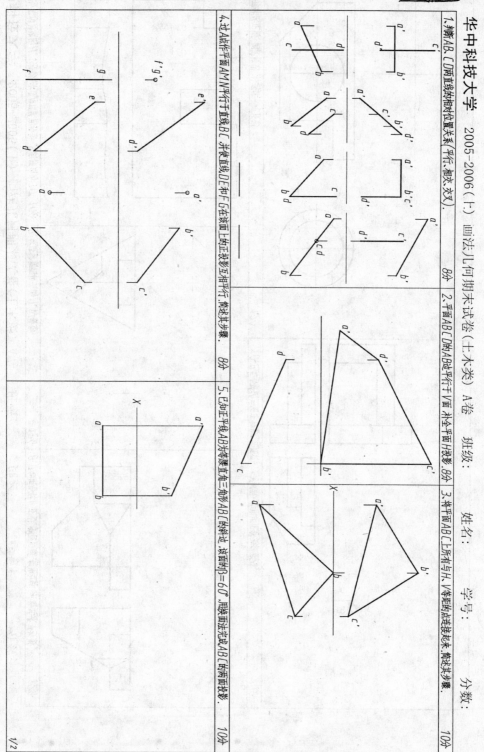

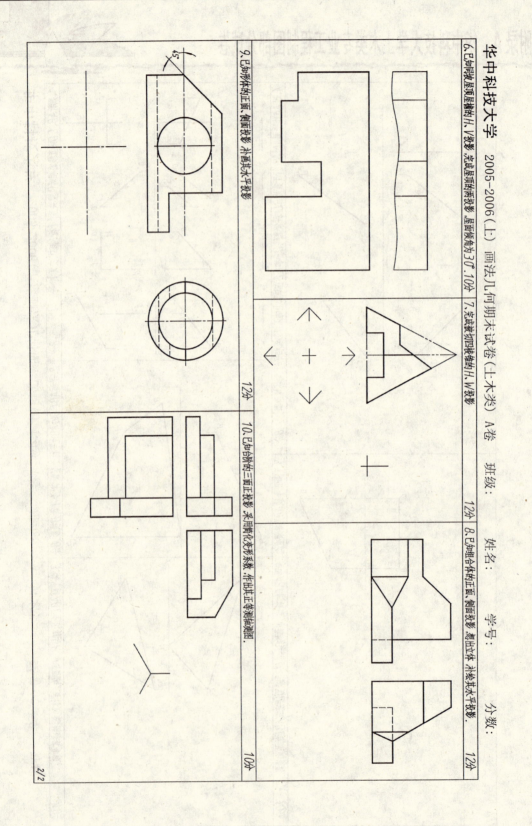

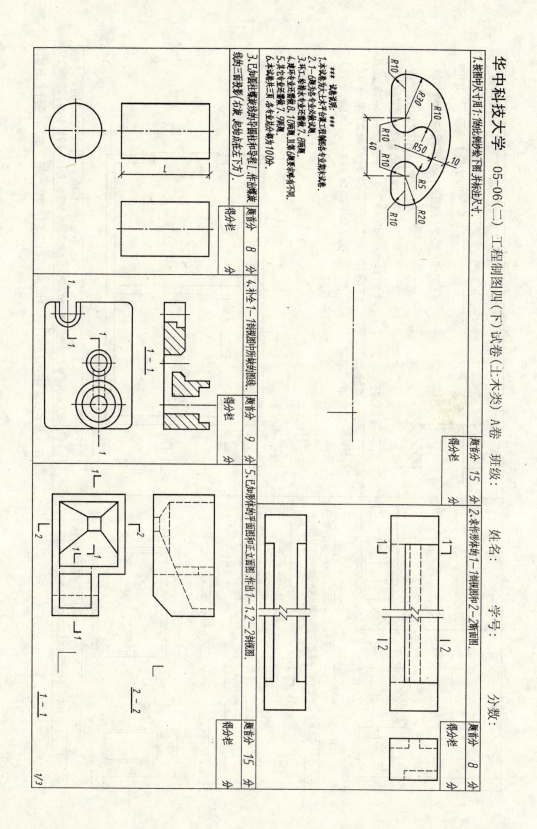

华中科技大学 05—06（二）工程制图（四）（下）试卷（土木类）A卷

班级：　　　　姓名：　　　　学号：　　　　分数：

6. 已知房屋的平面图形，请在图中补画出：门窗图例，室内标高，指北针来定位编号，然后回答后面5个问题。（建环专业路补画外，只须回答带 * 的一个问题，本题为17分）

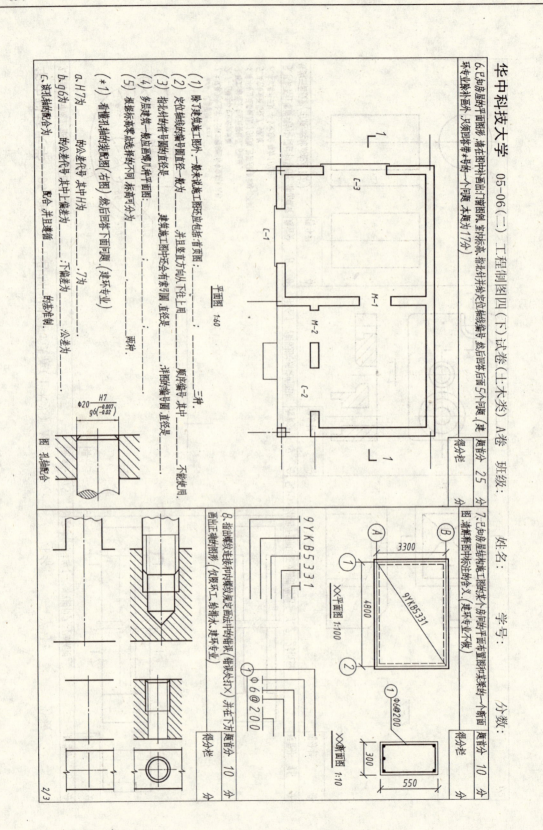

平面图 1:60

(1) 除了建筑施工图外，一般本试卷图形应布置在首页图：
(2) 定位轴线的编号圆直径一般为＿＿＿＿＿，并且竖直方向从下往上用＿＿＿＿＿，不能使用＿＿＿＿＿。
(3) 指北针的符号圆的直径是＿＿＿＿＿，建筑施工图中必须有索引圆，直径是＿＿＿＿＿。
(4) 多层建筑一般应画哪几种平面图：＿＿＿＿＿，详图编号圆，直径是＿＿＿＿＿。
(5) 根据标高各点选择柱的不同柱网布置可分为＿＿＿＿＿两种。

（*1）看懂孔轴的装配图（右图），然后回答下面问题。（建环专业）

a. $H7$为＿＿＿＿＿的公差代号，其中H为＿＿＿＿＿，7为＿＿＿＿＿。
b. $g6$为＿＿＿＿＿的公差代号，其中g为＿＿＿＿＿，6为＿＿＿＿＿。
c. 该孔轴的配合为＿＿＿＿＿配合，并且基准为＿＿＿＿＿的注作制。

7. 已知房屋结构施工图的某个房间的平面布置图和某梁的一个断面图，请根据图中标注的含义。（建环专业不做）

8. 指出螺纹连接中内螺纹规定画法中的错误（错画处划X）并在下方画出正确的图形（仅限环工、给排水、建环专业）

得分栏 25分　　得分栏 10分　　得分栏 10分

2/3

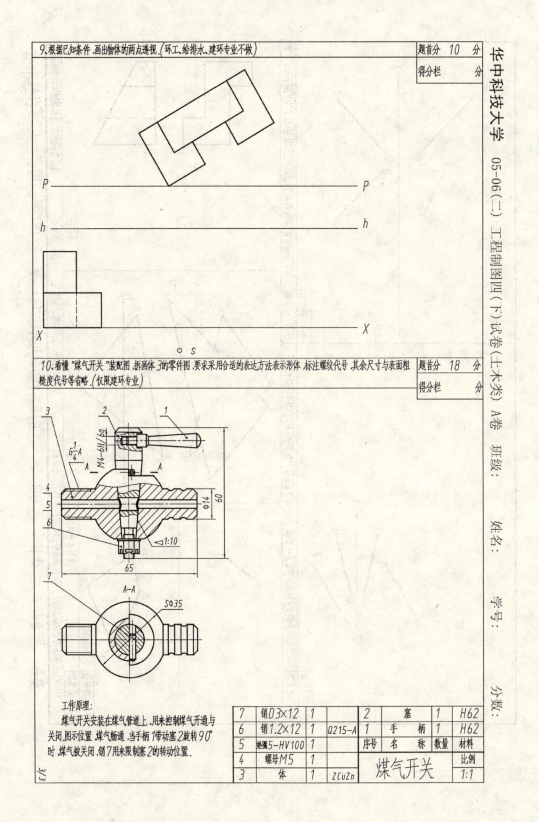

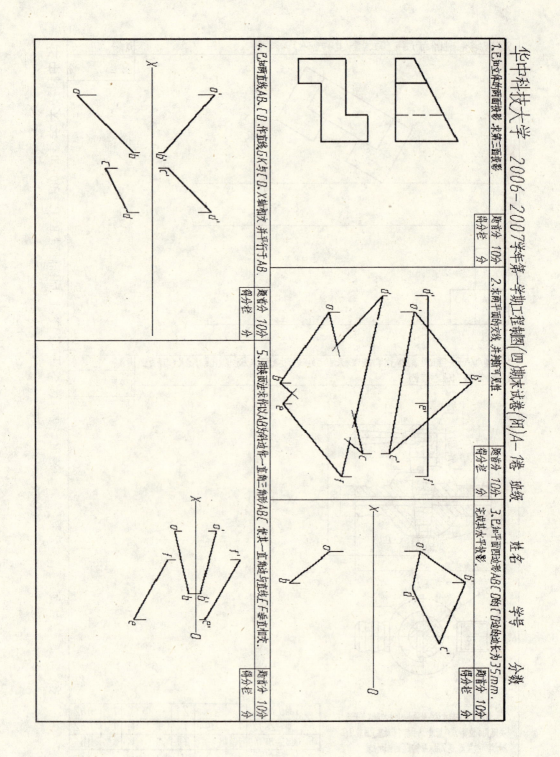

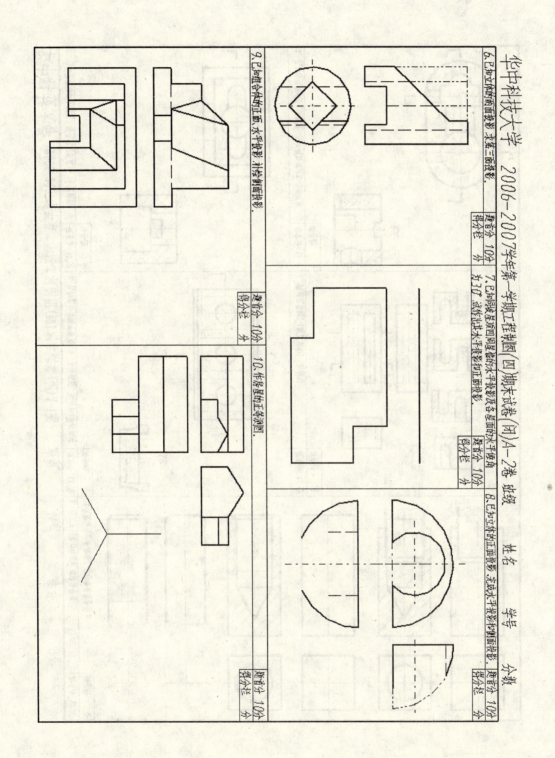

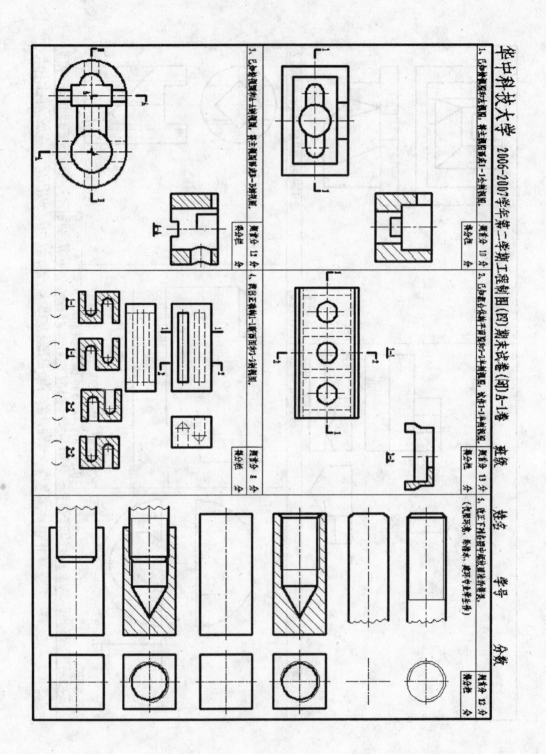

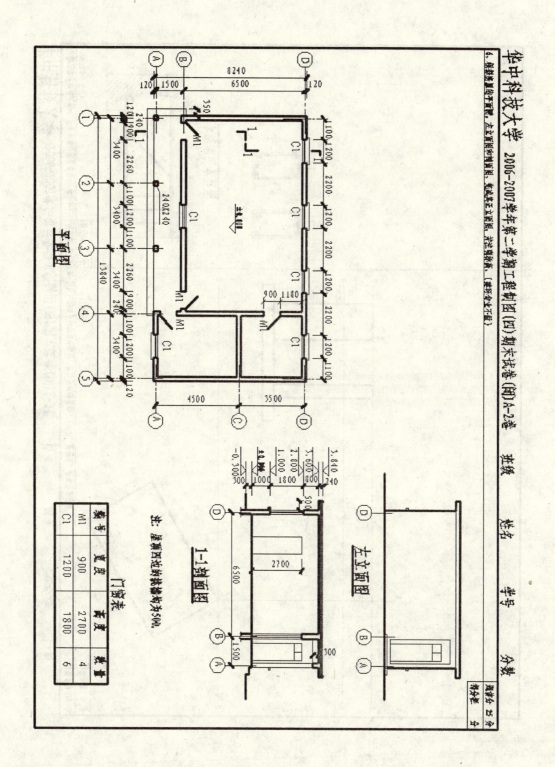

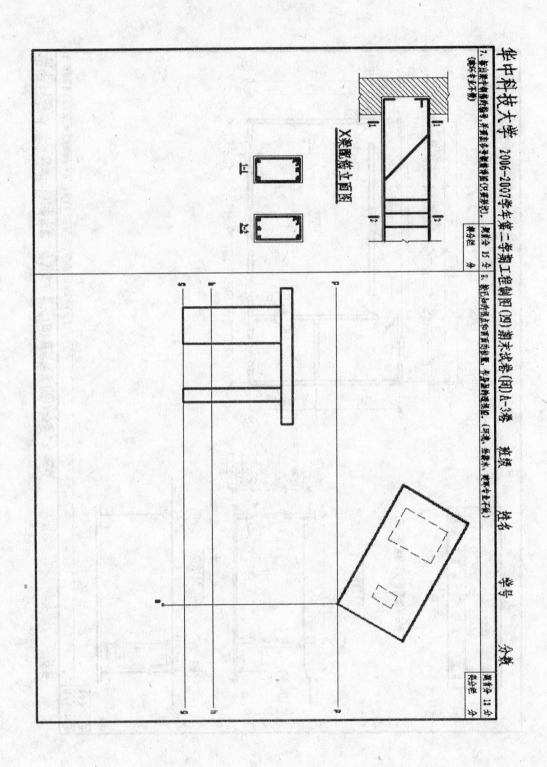

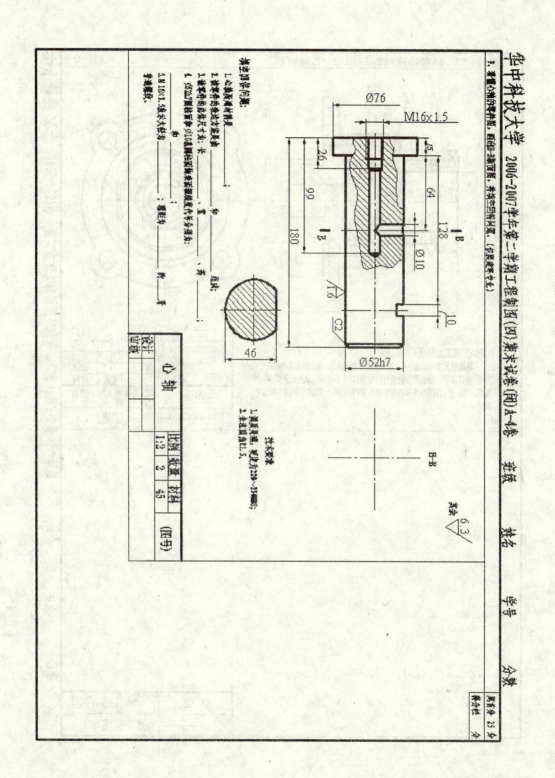

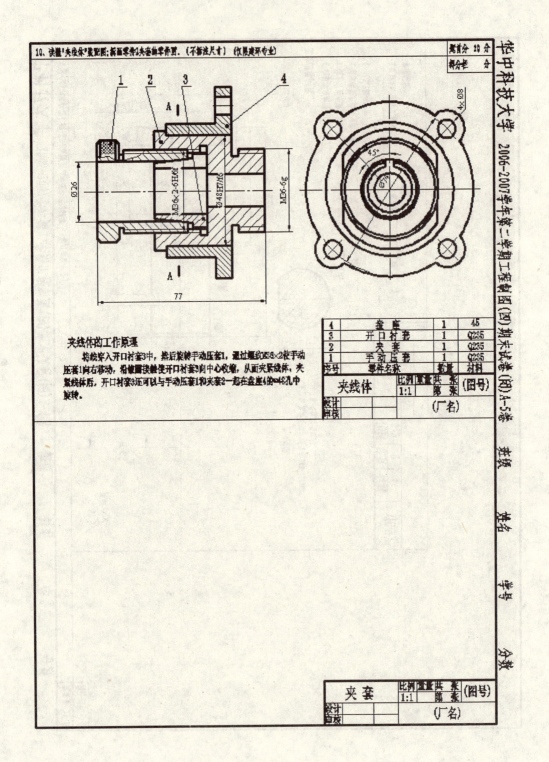

附录 B 华中科技大学土木类专业工程制图部分试卷答案

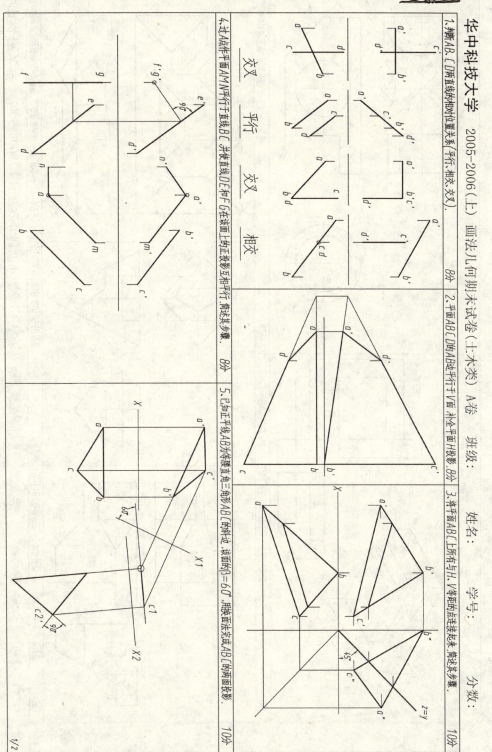

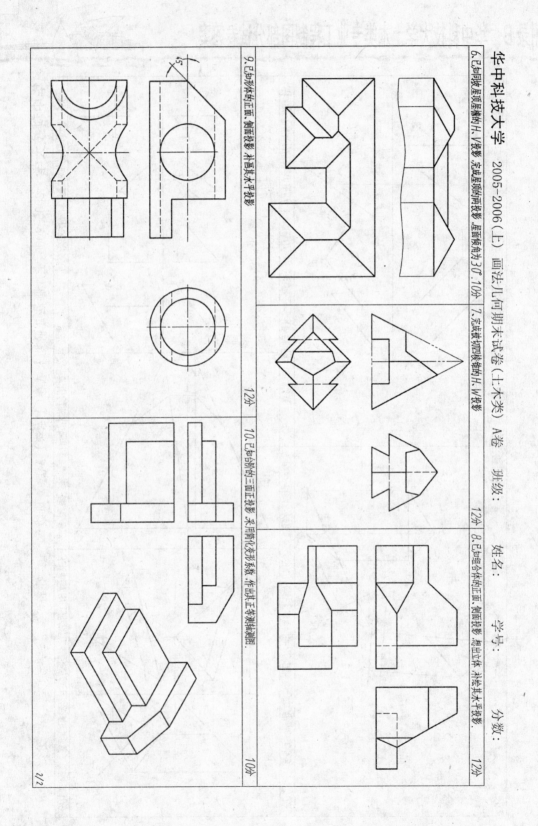

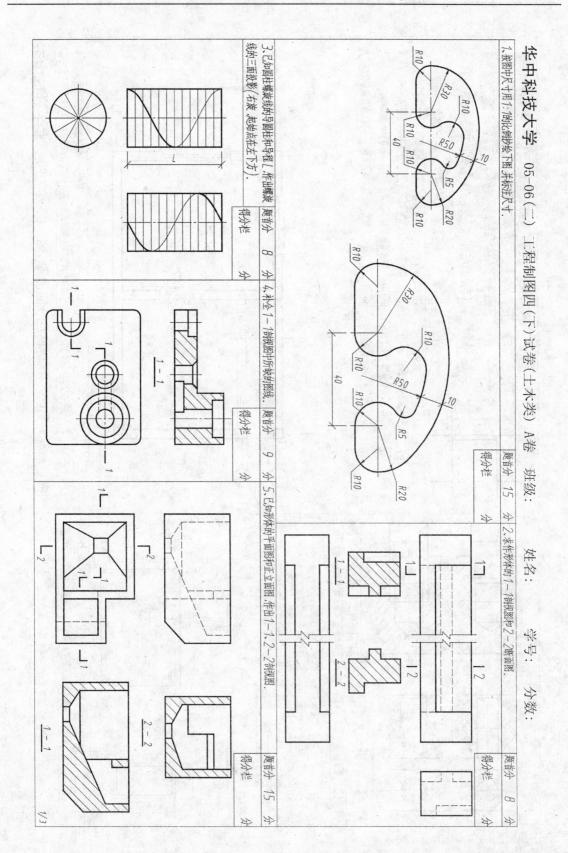

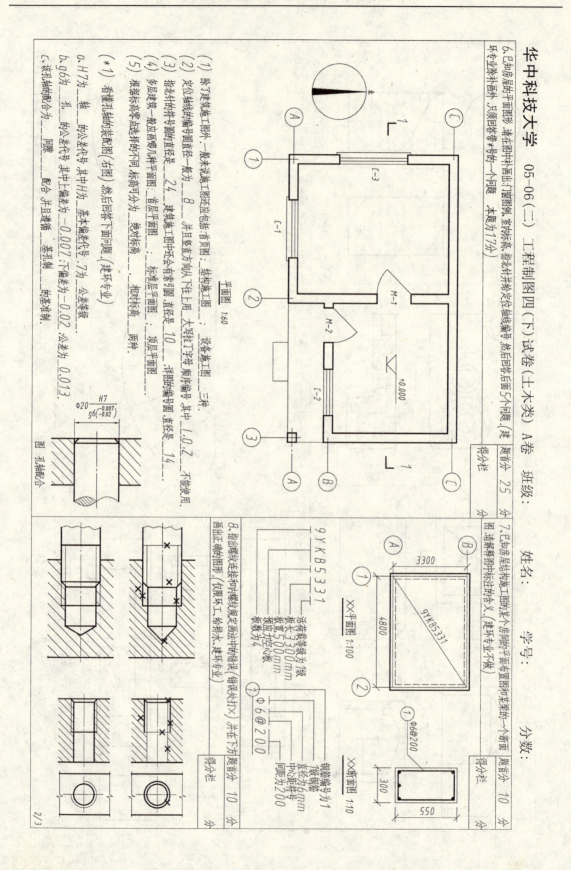

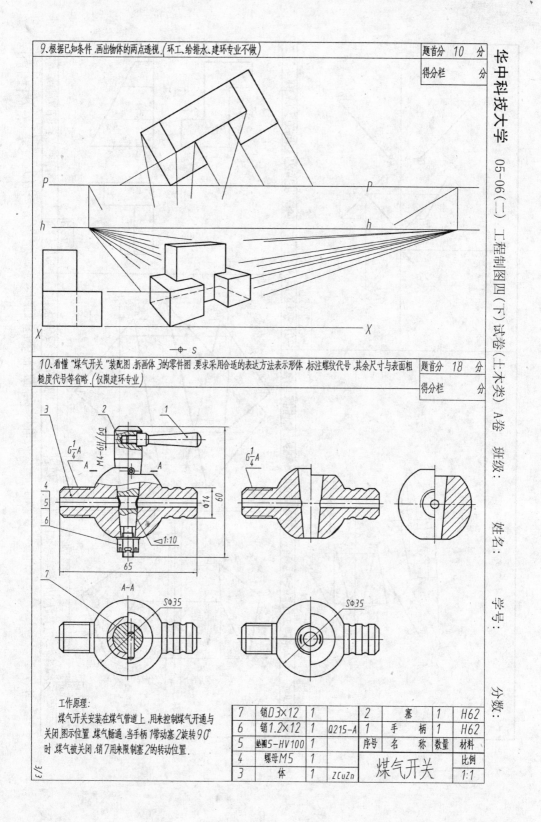

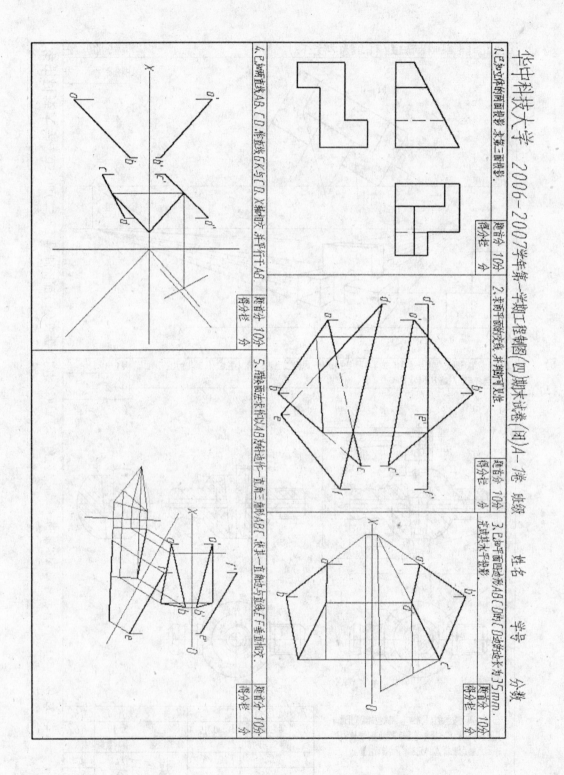

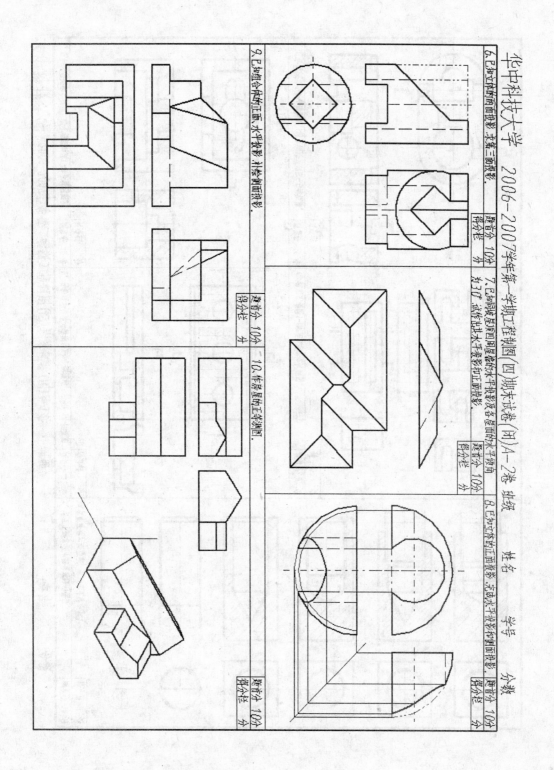

·210· 画法几何与工程制图学习辅导与习题解析

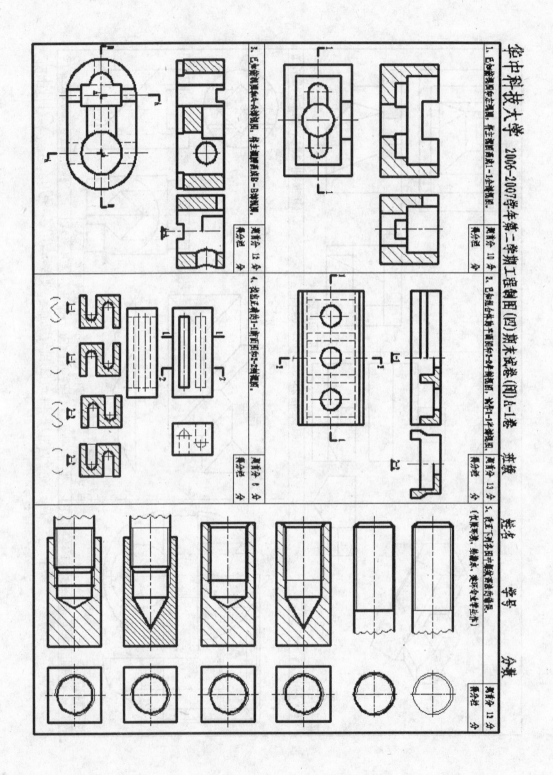

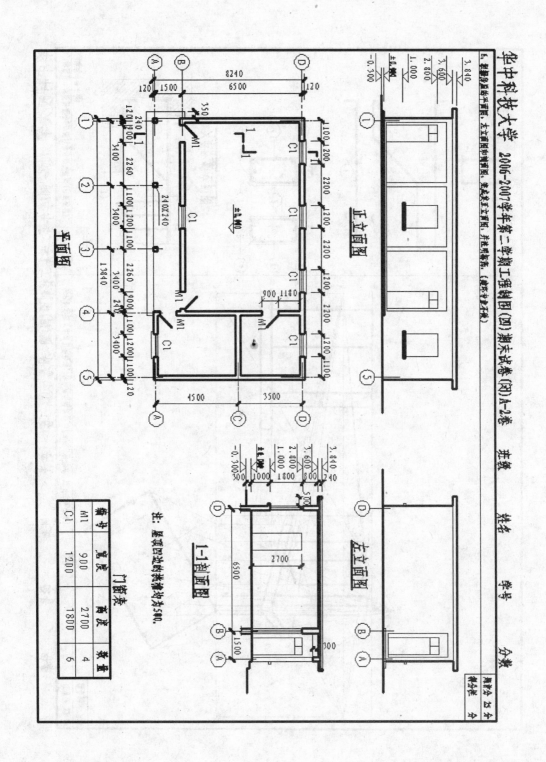

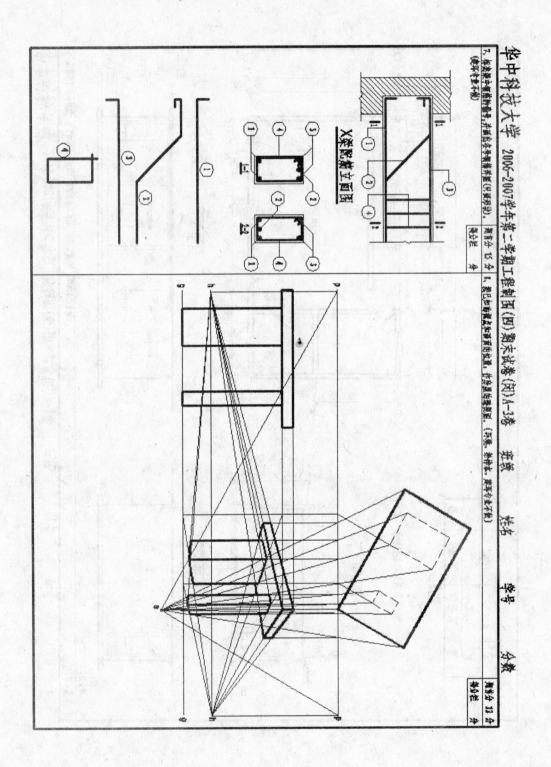

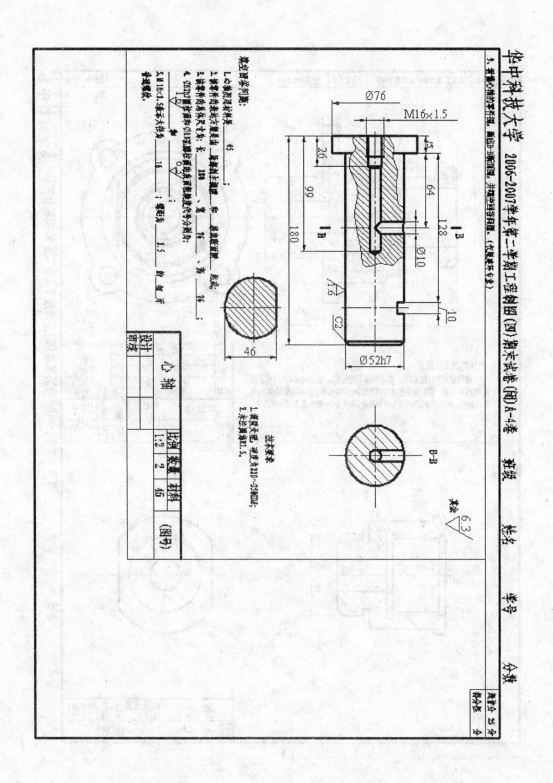

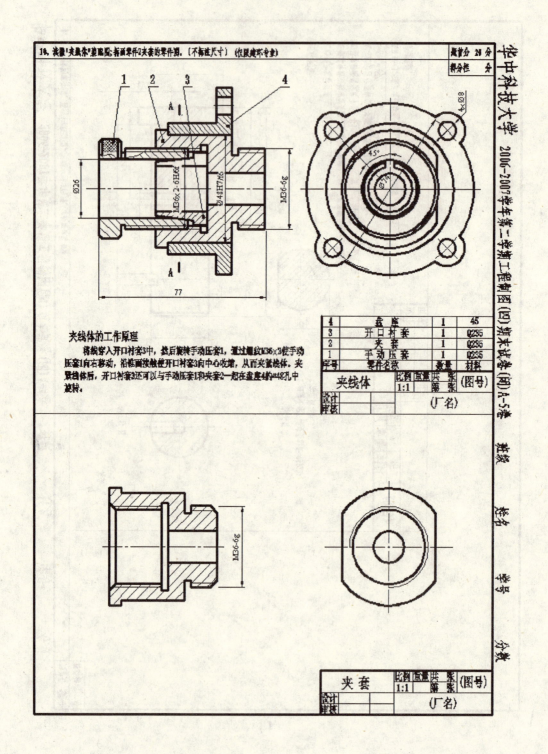